大洋性经济柔鱼类
分子系统地理学

陈新军　刘连为　方　舟◎著

U0195465

海洋出版社

2017年·北京

内 容 简 介

本书共分六章：第一章介绍柔鱼类资源及其开发概况；第二章为分子系统地理学研究；第三章为柔鱼分子系统地理学研究；第四章为阿根廷滑柔鱼分子系统地理学研究；第五章为茎柔鱼分子系统地理学研究；第六章为三种经济柔鱼类分子系统学研究。

本书可供分子生物学、生态学、渔业资源等专业的科研人员、高等院校师生及从事相关专业生产、管理的工作人员使用和阅读。

图书在版编目（CIP）数据

大洋性经济柔鱼类分子系统地理学/陈新军，刘连为，方舟著. —北京：海洋出版社，2017.3

ISBN 978-7-5027-9739-3

Ⅰ.①大…　Ⅱ.①陈…　②刘…　③方…　Ⅲ.①远洋渔业-柔鱼-鱼类-系统发育-地理学　Ⅳ.①S977

中国版本图书馆 CIP 数据核字（2017）第 050683 号

责任编辑：赵　武
责任印制：赵麟苏

海洋出版社　出版发行

http：//www.oceanpress.com.cn

北京市海淀区大慧寺路 8 号　邮编：100081
北京画中画印刷有限公司印刷　新华书店发行所经销
2017 年 3 月第 1 版　2017 年 3 月北京第 1 次印刷
开本：787 mm×1092 mm　1/16　印张：8.5
字数：150 千字　定价：56.00 元
发行部：62132549　邮购部：68038093　总编室：62114335
海洋版图书印、装错误可随时退换

前　言

　　头足类被认为是世界海洋渔业资源中 3 种未开发利用的种类之一，其中规模性开发的种类以柔鱼类所占比重最大。柔鱼类多为大洋性种类，分布广泛且资源丰富。我国于 1989 年成功开发日本海的太平洋褶柔鱼资源后，先后对北太平洋柔鱼、西南大西洋阿根廷滑柔鱼、东太平洋茎柔鱼、西北印度洋鸢乌贼等资源进行探捕调查，均取得较高产量。目前，柔鱼、阿根廷滑柔鱼、茎柔鱼已成为我国远洋鱿鱼钓主要捕捞对象。2013 年累计捕捞年产量超过 40 万吨。

　　分子系统地理学采用分子生物学技术重建种内及种上的系统发育关系，探讨种群及近缘生物类群的系统地理格局形成机制，从而阐释其进化历史。第四纪冰期-间冰期气候变化对物种的形成、分布区演变及现存物种遗传格局的形成产生重要影响。通过分子遗传标记可以获得物种的时空分布历程在遗传学上留下的印记，进而可以追溯和揭示物种的进化历程。本专著对 3 种大洋性柔鱼类的种群遗传结构、分子系统学、分子系统地理学进行系统的研究，相继发表论文 10 多篇，撰写相关的硕士学位论文 1 篇、博士学位论文 1 篇。本专著的研究成果可为大洋性柔鱼类资源的可持续利用和科学管理提供科学依据，丰富了头足类学科的内容。

　　本专著得到了上海市高峰学科 II 类（水产学）、国家自然科学基金（编号 NSFC41276156；编号 NSFC41476129）、农业部科研杰出人才及其创新团队——大洋性鱿鱼资源可持续开发等项目的资助。同时也得到国家远洋渔业工程技术研究中心、大洋渔业资源可持续开发省部共建教育部重点实验室的支持。本专著可供分子生物学、生态学、渔业资源等专业的科研人员及相关专业生产、管理部门的工作人员阅读和参考。由于时间仓促，书中难免会出现疏漏和不妥之处，恳请读者批评指正。

陈新军　刘连为　方舟

2016 年 2 月 1 日

目　　录

第一章 柔鱼类资源及其开发概况

第一节 世界头足类资源及其开发概况

一、头足类资源在世界海洋渔业中的地位

20 世纪 70 年代以来，世界海洋捕捞产量的变动势态是由于许多底层鱼类资源的过度捕捞以及衰退而引起的，但是头足类和其他生命周期较短的鱼类改变了渔获量组成结构，从而使得总渔获量的增长维持在一定的水平。根据 FAO（Food and Agriculture Organization of the United Nationals，联合国粮食及农业组织）的统计，20 世纪 70 年代以前，世界头足类产量在世界海洋渔获量中的比例仅为 1.0% ~ 1.5%；1971-1980 年间，头足类平均年产量为 119.96 万 t，在世界海洋渔获量中的比例上升到 2.31%；1981-1990 年间，头足类平均年产量为 195.95 万 t，占世界海洋渔获量的 2.92%；1991-2000 年间，头足类平均年产量为 302.56 万 t，占世界海洋渔获量的 4.37%；2001-2012 年间，头足类平均年产量为 452.60 万 t，占世界海洋渔获量的 4.75%。世界头足类总产量（1971-2012 年）基本上呈现稳步上升的趋势（图 1-1），2007 年达到最高产量，为 430.91 万 t。2009 年出现大幅度下降，产量为 348.56 万 t，比上一年度下降 18.36%。这是由于主要捕捞对象如阿根廷滑柔鱼（*Illex argentinus*）、茎柔鱼（*Dosidicus gigas*）等种类的产量减少所引起。

世界头足类的产量组成也随时间出现变化（图 1-2）。在 1975 年以前，产量主要以柔鱼类为主，但是柔鱼类产量出现波动，未出现大幅度增长的情况。而章鱼类、乌贼类和枪乌贼类的产量基本持平。在 1975-1990 年间，枪乌贼类和柔鱼类的产量在波动中上升，而章鱼类和乌贼类则基本上与往年持平。在 1990-2002 年间，柔鱼类产量出现大幅度上升，而枪乌贼类出现下降，章鱼类和乌贼类则出现小幅度上升。在 2002 年以后，柔鱼类产量出现大幅度

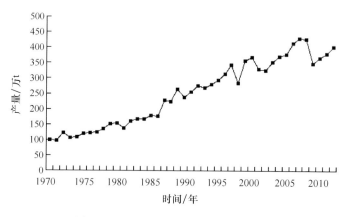

图 1-1　1970~2012 年世界头足类产量

上升，2009 年出现大幅度下降后开始稳步回升。枪乌贼类的产量在波动中上升，章鱼类基本上与往年持平，而乌贼类则出现小幅度下降。从增长趋势来看，大洋性的柔鱼科渔获量增长最大，其次是浅海性枪乌贼科和蛸科，乌贼科则相对较慢，近年来还出现下降的趋势。在近年的头足类产量中，枪形目（包括柔鱼科和枪乌贼科）所占的比重为最大，约占总产量的 70%~80%，章鱼类和乌贼类的产量则维持在 30~40 万 t 间。

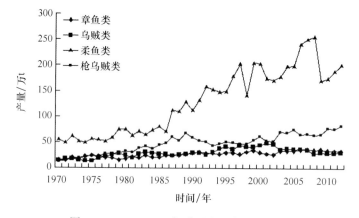

图 1-2　1970~2012 年世界头足类产量组成

二、头足类开发利用概况

1. 主要头足类经济种

头足类是重要的海洋经济动物，广泛分布于太平洋、大西洋、印度洋和

南极等海域。Voss（1984）在其编写的《世界头足类资源》中，罗列出世界
各大洋经济头足类共计 173 种，其中已开发利用的或具有潜在开发价值的约
70 种。根据 FAO 划分各大海区，在 173 种经济头足类中，西北太平洋海域
（61 海区）的头足类种类为最多，共计 65 种，其中柔鱼科 23 种，占 35.3%；
乌贼科 17 种，占 26.1%；枪乌贼科 12 种，占 18.4%；蛸科 13 种，占 20%。
其次是中西太平洋海域（71 海区）和印度洋西部海域（51 海区）各有 54 种，
并列第 2 位，柔鱼科仍居优势种，分别为 18 种和 21 种；乌贼科分别为 17 种
和 16 种；蛸科分别为 9 种和 12 种；枪乌贼科次之，分别为 8 种和 5 种。各大
海区中的头足类种类组成如表 1-1。

在已开发利用或具有潜在价值的 70 种头足类中，已被规模开发利用的种
类仅占 1/3，而作为专捕对象的少，大部分作为兼捕对象。它们分隶于 15 科
35 属，其中大洋性种有帆乌贼科、武装乌贼科、鳞乌贼科、鳞甲乌贼科、大
王乌贼科、爪乌贼科、小头乌贼科、手乌贼科、菱鳍乌贼科、柔鱼科；浅海
性种有枪乌贼科、乌贼科、耳乌贼科和微鳍乌贼科、章鱼科。在 15 个科中，
柔鱼科、枪乌贼科、乌贼科和章鱼科最为重要，它们约占世界头足类产量的
90%以上。此外，鳞乌贼科和爪乌贼科也具有开发前途。

表 1-1 世界各大洋经济头足类分布表

海区	鹦鹉螺科	乌贼科	枪乌贼科	柔鱼科	蛸科	合计
北冰洋				1		1
西北大西洋		5	2	17	3	27
东北大西洋		3	4	19	5	31
中西大西洋		6	8	18	21	53
中东大西洋		12	1	21	8	42
地中海		7	4	11	8	30
西南大西洋			4	21	14	39
东南大西洋		5	3	24	4	36
南极（大西洋）			1	12	1	14
西印度洋		16	5	22	11	54
东印度洋	1	13	6	14	12	46
南极（印度洋）				9	1	10
西北太平洋		17	12	23	13	65

续表

海区	鹦鹉螺科	乌贼科	枪乌贼科	柔鱼科	蛸科	合计
东北太平洋		2	1	14	2	19
中西太平洋	2	19	8	18	9	56
中东太平洋		1	4	18	8	31
西南太平洋		3	2	20	4	29
东北太平洋		2	1	14	2	19
南极（太平洋）				14	1	15

（1）柔鱼科。

柔鱼科是大洋性种类，主要分布在世界各大洋的陆坡渔场，但也有分布在大洋中。共 11 属 21 种。由于具有表层集群习性，容易成为渔业捕捞对象，是目前头足类渔业中最重要的渔业资源。在这个科中，已成为捕捞对象的约有 10 多个种类，如太平洋褶柔鱼（*Todarodes pacificus*）、柔鱼（*Ommastrephes bartrami*）、阿根廷滑柔鱼、滑柔鱼（*Illex illecebrosus*）、科氏滑柔鱼（*Illex coindetii*）、茎柔鱼、双柔鱼（*Nototodarus sloani*）、褶柔鱼（*Todarodes sagittatus*）、鸢乌贼（*Symplectoteuthis oualaniensis*）、翼柄乌贼（*Ommastrephes pteropus*）、澳洲双柔鱼（*Notodaris Gouldi*）（表 1-2）。其中年产量曾超过 10 万 t 的种类有阿根廷滑柔鱼、太平洋褶柔鱼、柔鱼、双柔鱼、茎柔鱼等。

表 1-2　主要柔鱼种类的产量　　单位：万 t

名称/年份	2001	2002	2003	2004	2005	2006	2007	2008	2009	2010	2011
柔鱼	2.39	2.25	1.90	1.15	1.44	0.94	2.22	2.43	3.60	2.23	1.49
滑柔鱼	0.57	0.55	1.06	2.81	1.38	2.16	1.05	2.00	2.29	2.07	2.45
阿根廷滑柔鱼	74.34	51.11	50.36	17.90	28.76	70.38	95.50	83.79	26.12	19.00	20.49
茎柔鱼	22.38	40.64	40.20	83.48	77.97	87.14	68.49	89.54	64.29	81.60	90.63
褶柔鱼	0.43	0.52	0.10	0.06	0.06	0.05	0.11	0.08	0.10	0.10	0.10
太平洋褶柔鱼	52.85	50.44	48.76	44.78	41.16	38.81	42.92	40.37	40.82	35.93	41.14
双柔鱼	4.51	6.22	5.74	10.84	9.64	8.94	7.39	5.70	4.70	3.34	3.83

注：统计来自于 FAO 统计年鉴，柔鱼统计可能不包括中国大陆的产量

（2）枪乌贼科。

枪乌贼科共 11 属 45 种，主要分布在太平洋和大西洋的热带、温带海区

以及印度洋，属浅海性种类。目前已被规模性开发利用的有 16 种，主要捕捞对象有中国枪乌贼（*Loligo chinensis*）、皮氏枪乌贼（*Loligo pealei*）、乳光枪乌贼（*Loligo opalescens*）、杜氏枪乌贼（*Loligo duvaucelii*）、日本枪乌贼（*Loligo japonica*）、好望角枪乌贼（*Loligo reynaudii*）、巴塔哥尼亚枪乌贼（*Loligo gahi*）、剑尖枪乌贼（*Loligo edulis*）（表 1-3）。其中巴塔哥尼亚枪乌贼、乳光枪乌贼和剑尖枪乌贼等种类的产量较高。

表 1-3　主要枪乌贼种类产量　　　　　　单位：万 t

名称/年份	2001	2002	2003	2004	2005	2006	2007	2008	2009	2010	2011	2012
巴塔哥尼亚枪乌贼	5.77	2.50	7.67	4.22	7.07	5.25	5.94	5.85	4.80	7.18	3.75	10.16
乳光枪乌贼	8.58	7.29	3.93	3.96	5.57	4.92	4.94	3.66	9.24	13.00	12.16	9.71
好望角枪乌贼	0.34	0.74	0.76	0.73	1.04	0.68	1.00	0.83	1.01	1.00	0.84	0.63
皮氏枪乌贼	1.42	1.67	1.19	1.35	1.70	1.59	1.23	1.14	0.93	0.67	0.95	1.28

注：资料来自 FAO 统计年鉴

（3）乌贼科。

乌贼科共有 3 属约 111 种，属于浅海性种，是种类较多的一个科，主要分布在距离大陆较远的岛屿周围和外海，但在北美洲和南美洲的沿岸海域没有发现乌贼类的分布。已被规模开发利用约 10 种，以曼氏无针乌贼（*Sepiella maindroni*）、金乌贼（*Sepia esculenta*）、乌贼（*Sepia officinalis*）、虎斑乌贼（*Sepia pharaonis*）等产量较高（表 1-4）。

表 1-4　主要乌贼种类产量　　　　　　单位：万 t

名称/年份	2001	2002	2003	2004	2005	2006	2007	2008	2009	2010	2011	2012
乌贼	1.31	1.52	1.66	1.56	1.48	1.57	1.68	1.48	2.06	2.66	2.73	2.98
虎斑乌贼	1.32	1.19	1.58	1.53	1.60	1.41	1.43	1.49	1.06	1.46	1.21	1.29

注：资料来自 FAO 统计年鉴

（4）蛸科。

蛸科共 24 属约 206 种，多数为浅海性种。主要分布在沿岸水域。已被规模开发利用约 10 种，主要捕捞对象以真蛸（*Octopus vulgaris*）、水蛸（*Octopus dofleini*）、短蛸（*Octopus ocellatus*）、玛雅蛸（*Octopus maya*）等为主（表 1-5）。

表 1-5　主要蛸科种类产量　　　　　　　　　　　单位：万 t

名称/年份	2001	2002	2003	2004	2005	2006	2007	2008	2009	2010	2011	2012
真蛸	5.31	4.16	4.60	5.07	3.47	4.38	3.43	3.36	4.07	4.16	4.03	4.05
玛雅蛸					0.32	0.77	0.69	0.24	0.69	0.57	0.93	1.26

注：资料来自 FAO 统计年鉴

2. 渔场分布及其开发利用方式

头足类是重要的经济海洋动物，从沿岸到大洋，从表层到 5 000 m 深处都有分布。头足类根据其栖息水深情况，可分为浅海渔场和深海渔场。浅海渔场主要是浅海性的枪乌贼类、乌贼类和蛸类的主要栖居场所。我国近海和西非、西北非近海等，都是重要的头足类浅海性渔场，主要以底层或近底层开发为主。深海渔场主要是大洋性的柔鱼类和其他开眼亚目头足类的主要栖居场所。北太平洋海域的柔鱼等渔场是重要的头足类深海性渔场，主要以中上层开发为主。头足类的密集分布主要在暖、寒流交汇的锋区（如西北太平洋的柔鱼、西南大西洋的阿根廷滑柔鱼和新西兰周围海域的双柔鱼）和上升流区（如秘鲁外海的茎柔鱼、印度洋的鸢乌贼）等海域。

头足类的作业方式主要有钓钩、拖网和流刺网三种。钓钩是最重要的作业方式，它的产量约占头足类总产量的 50% 以上。日本渔民早在 17 世纪就开始利用钓钩作业，其产量约占日本头足类总产量的 95%。我国鱿钓产量约占头足类总产量的 60% 以上。拖网是第二大作业方式，其产量约占头足类总产量的 25%。拖网作业的方式有单拖和双拖。如分布在西北大西洋的滑柔鱼主要用底拖和中层拖网，在西非和东非捕捞章鱼类和乌贼类主要采用底拖网。流刺网曾是重要的作业方式之一，其产量在 1993 年以前约占头足类总产量的 10%，特别是在北太平洋公海海域。但由于联合国第 46 届大会通过第 46/215 号"关于大型远洋流刺网捕鱼活动及其对世界海洋生物资源的影响"决议，规定从 1993 年 1 月 1 日起，在各大洋和海的公海海域全面禁止大型流刺网作业。其他还有围网以及传统作业方式如矛刺、陷阱网等。目前捕捞头足类的主要方式为钓钩和拖网作业，钓钩主要用来捕捞大洋性的柔鱼科，拖网主要用来捕捞浅海性的乌贼科、蛸科和枪乌贼科。

三、世界头足类渔业快速发展的原因

1. 高强度的海洋捕捞对渔业生态系统的影响

在世界海洋渔业中，捕捞压力继续增加，一些主要传统经济种类资源出现严重衰退。从营养层的观点来看，全球渔获量的鱼种组成呈现每年减少0.05~0.1的营养层，这意味着较年长的鱼种逐渐地从海洋生态系消失。在渔产品的需求不断增加的情况下，这种不断往下捕获低营养阶层鱼种的行为不可避免。这将会造成食物链缩短，食物网简化的现象。已有证据显示，当底层鱼类资源因过度开发而减少时，鱿鱼资源量则因为底层鱼类捕食机会的降低，以及对食物竞争压力的趋缓而增加（Caddy 和 Rodhouse，1998），因此渔业开发的对象即转向仍为低度开发、体型适当的头足类资源（Clarke，1996；Pauly et al.，1998）。

2. 世界各国加强基础性的调查与研究

过去人们对头足类的种群生物学虽然有些了解，但还没有很好掌握各海区头足类资源量、资源变动等情况。20世纪70年代以后，各国学者对头足类的种群生物学进行了大量研究。尤其是世界上最大的头足类生产国日本，每年都对世界各大主要鱿钓渔场进行常规性调查，并相继开发了北太平洋、新西兰、阿根廷、秘鲁、哥斯达黎加等海域的柔鱼类资源。日本为了配合海外渔场和资源的开发，建立起相应的较为完善的研究体系。

3. 新渔场和资源的不断开发利用

日本是鱿钓渔业的主要开拓者，也是新渔场和新资源的最早利用者。20世纪70年代初，日本就重视世界新渔场的开发，同时积极保护本国沿海鱿鱼资源。日本海洋渔业资源开发中心自1971年成立后，积极投入新渔场的开发，每年连续实施调查的新渔场有新西兰海域、西北大西洋纽芬兰外海、加利福尼亚外海、阿根廷外海、秘鲁与哥斯达黎加外海、北太平洋海域的鱿鱼资源。随着作业渔场的不断拓展，日本鱿钓船也迅猛发展，从早期的数吨级、只能在沿岸作业的渔船发展到现在从事大洋作业的大型鱿钓船，作业渔船增长的趋势到了20世纪90年代中后期才得到控制。

20世纪70年代以来，在新开发利用的头足类资源中，年产量曾达到10万t以上的种类主要有：①集群于38°—46°N间、经度向东可扩展到西经145°W的北太平洋海域的柔鱼；②集群于南美洲东南岸西南大西洋合恩岬寒

流和巴西暖流汇合形成的峰区周围的阿根廷滑柔鱼；③分布在日本列岛周围的太平洋褶柔鱼；④分布在新西兰大陆架周围的双柔鱼；⑤分布在秘鲁外海的茎柔鱼；⑥分布在西北大西洋纽芬兰外海的滑柔鱼。

4. 捕捞技术的提高和改进

为了提高单位捕捞强度渔获量，头足类生产国在沿用传统的钓、拖、网等渔具进行作业的同时，积极发展新的捕捞技术、新（辅助）渔具。日本首先对渔具和渔法进行了改革，采取船舶机动化、大型化、渔获冷冻等一系列措施，并利用鱿鱼趋光的特性采用了灯光诱集鱿鱼等辅助渔具。此外，还发明了自动钓机，并从机械型钓机发展到电脑集控型钓机，从而大大提高了自动化程度，减轻了劳动强度，提高了渔获效率。

20世纪70年代以后，日本渔民根据长期从事大马哈鱼渔业的经验，发展了流刺网生产，并在北太平洋得到迅速发展。该渔具渔法不必使用光诱，可以节省能源，更为重要的是其渔获率为钓具的2～4倍，且渔获个体整齐。目前，这种作业方式已在公海全面禁止。日本政府为了挽回因流刺网禁止带来的损失，于1992年开始开展了为期三年的替代流刺网作业的渔具渔法试验，如利用水下灯装置进行白天钓捕，利用超声装置进行对鱿鱼昼夜垂直移动和洄游的跟踪等方面的研究，取得了很好的效果。我国自1989年开始鱿钓渔业以来，以王尧耕教授为首的上海水产大学鱿钓课题组也相继在钓捕技术、鱿钓船改造、新型集鱼灯引进、新型钓钩改进、渔场寻找与渔情预报等方面做了大量的研究工作，并取得了一批成果，从而确保了我国远洋鱿钓渔业的可持续发展。

第二节　柔鱼类资源开发概况

一、柔鱼类资源开发利用的历史

目前，头足类中性规模开发的种类主要有柔鱼类、枪乌贼类、乌贼类和章鱼类，以柔鱼类所占比重最大。1991-2012年，柔鱼类所占比重稳定维持在47.68%～59.97%之间（图1-3）。在柔鱼类中，现已规模性开发的种类主要有太平洋褶柔鱼、柔鱼、双柔鱼、阿根廷滑柔鱼、茎柔鱼、鸢乌贼等。

1. 太平洋褶柔鱼

太平洋褶柔鱼是世界上头足类最早被大规模开发利用的种类之一，早在

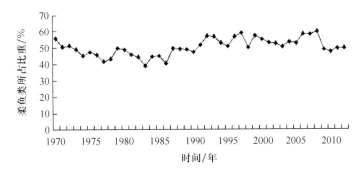

图 1-3　1970-2012 年柔鱼类产量在世界头足类产量中的比重

18 世纪中叶，日本就开发并利用了其沿岸水域所有头足类。20 世纪 70 年代以前，其产量占日本国内头足类总产量的 70%～80%；1968 年太平洋褶柔鱼的总产量达到历史最高水平，约为 67 万 t，主要来自于太平洋侧的三陆和北海道渔场，渔获对象为冬生群。20 世纪 70 年代以后，太平洋一侧的太平洋褶柔鱼资源出现衰退，产量剧减，仅为最高年产量的 10% 左右。于是主要作业渔场逐渐转向日本海外海渔场（日本沿岸以外），渔获对象主要为秋生群。1972 年在日本海海域捕获的太平洋褶柔鱼产量达到 30 余万 t，总产量超过 50 万 t。但由于捕捞强度的增加，以后产量逐年下降。1986 年日本海和太平洋侧的产量分别为 11.1 万 t 和 1.5 万 t，但以后每年基本上稳定上升。1991 年太平洋褶柔鱼总产量恢复到 38.4 万 t，其中日本海为 31.9 万 t，太平洋侧为 6.5 万 t。1992 年产量猛增到 53.4 万 t，日本海为 38.7 万 t，太平洋侧为 14.7 万 t。1996 年总产量达到历史新高水平，为 71.59 万 t，1998 年大幅度降至 37.86 万 t。此后 5 年太平洋褶柔鱼总产量维持在 50 万 t 左右，2004-2012 年总产量在 35～40 万 t 间波动（表 1-2）。太平洋褶柔鱼渔获量的剧烈变动，在一定程度上反映为其资源总的变化趋势。也就是说资源一度出现过衰退或开发过度的迹象，属于充分开发。

2. 柔鱼

20 世纪 70 年代初，由于太平洋褶柔鱼资源量在太平洋侧的产量锐减，柔鱼逐渐成为太平洋渔区渔业的主要捕捞对象。1973 年，日本渔业科学调查船在黑潮北缘与亲潮南缘的交汇区，发现了高密度的柔鱼资源。1974 年便利用鱿钓船进行产业性开发，当年渔获量为 1.7 万 t。1975 年渔获量增至 4.1 万 t，渔场主要在北海道和本州东北部海域。1976-1977 年渔场伸展到 157°E、离岸

200 n mile 外的公海海域，渔获量分别达到 8.4 万 t 和 12.0 万 t，此间韩国、我国台湾省也先后加入捕捞行列。1978 年日本渔民根据长期从事大马哈鱼渔业的经验，发展了高效率、低耗费的流刺网作业，并将渔场进一步扩大到 165°E 以外的海域，年产量迅速增长到 15.3 万 t。到 1980 年作业方式基本上都采用流刺网，年产量也增加到 20.3 万 t。从此，柔鱼流刺网作业成为日本、韩国和我国台湾省等的外海渔业。由于当时作业渔场不受国际上各种条件的限制，作业范围不断扩大，渔场也延伸到 145°W 的东北太平洋海域。

　　1978 年以后，由于柔鱼流刺网渔业的迅速发展，加上流刺网渔获率为钓鱼法的 5~10 倍，很快威胁到日本钓船船员的生计，受到钓鱼业者的极力反对，加上流刺网以柔鱼的产卵群体为捕捞对象，进而严重影响到来年柔鱼的补充量。为了缓和钓鱼业者和流刺网渔业者之间在作业渔场上的矛盾，并考虑到保护中小型钓船的利益和柔鱼资源，日本政府于 1979 年 1 月 1 日宣布将流刺网渔业的作业范围扩大到 170°E 以东海域。1992 年底，大型流刺网作业的全面禁止对日本、韩国、我国台湾省的北太平洋柔鱼流刺网渔业是个沉重的打击。据统计，日本、韩国、我国台湾省在 1981－1988 年间共投入从事柔鱼流刺作业的船只在 612~756 艘，平均每年投入 699 艘。1981－1990 年间流刺网产量在 13.8 万~30.2 万 t，平均年产量为 24.3 万 t，约占柔鱼总产量的 90% 以上，此期间产量基本上两年有一波动周期。由于流刺网的全面禁止，1993 年日本在北太平洋的柔鱼产量下降到只有 0.92 万 t，韩国、我国台湾省在北太平洋从事鱿钓的船只也很少。1996 年以后，日本鱿钓船捕捞的柔鱼产量只有 1 万~2 万 t，而柔鱼总产量维持在 1 万~5 万 t 之间，2012 年仅为 0.55 万 t（表 1-2）。

3. 双柔鱼

　　双柔鱼资源量大，但在 20 世纪 60 年代以前一直未被当地开发和利用。直到 20 世纪 60 年代末，由于日本周围海域太平洋褶柔鱼资源的衰退，才赴新西兰南岛西北海区进行试捕，并取得了成功。20 世纪 70 年代初，日本正式派鱿钓船进行大规模生产，接着其他国家和地区的远洋船队也不断前往捕捞。1973 年我国台湾省鱿钓船开始投入生产，1977 年韩国、苏联也加入生产的行列，使双柔鱼的年产量从 1972 年的 1 028 t 猛增到 1977 年的 76 341 t，增长近 74 倍之多。1978 年新西兰政府宣布了 200 n mile 专属经济区，规定只能使用钓具捕捞以及允许拖网有限度的兼捕双柔鱼，并每年规定各国船数配额。这一措施导致 1978 年双柔鱼的产量下降到 43 372 t。1981－1982 年度韩国、日本、苏联以及新西兰的渔业联合企业分别获得了 1 600 t、9 900 t、11 500 t 和 27 000 t 的双柔鱼配额，总计 5 万 t。在该海域生产和作业的国家还有波兰、西班牙、美国和德国。20 世纪 80 年代以来，除 1984 年减产外，其他年产基本上呈增长趋势，产量从 1981 年的 8 902 t 增至 1989 年的 11.4 万 t，但翌年锐减至 4.7 万 t，1991 年和 1992 年分别为 4.1 万 t 和 6.0 万 t。1993 年再次下降到 3.7 万 t。因此，20 世纪 90 年代初日本大部分鱿钓船转向西南大西洋海域生产。1996-1997 年度我国大陆也有少量鱿钓船前往该海域生产，但渔获不稳定，单船产量较低，远不如西南大西洋海域。双柔鱼产量波动并不是由于资源衰退而造成的，根据资料，新西兰政府每年确定的双柔鱼配额实际上没有被用完。每年配额都在 10 万 t 以上，1989-1990 年度的双柔鱼配额高达 16.6 万 t，而实际仅捕捞了其中的 28.27%。2004 年双柔鱼总产量达到历史最高水平，为 10.84 万 t，此后逐年下降，2010-2012 年产量维持在 3 万~4 万 t 之间（表 1-2）。

4. 阿根廷滑柔鱼

西南大西洋是世界上生产头足类的重要渔区之一。在 1977 年以前，阿根廷滑柔鱼为当地沿岸国家（阿根廷和乌拉圭）进行鳕鱼拖网时的兼捕物，其年渔获量约为 5 000 t。1978 年，才开始有以阿根廷滑柔鱼为目标鱼种的渔业兴起，但仍以阿根廷和乌拉圭的拖网渔业为主。80 年代初期，连续有许多国家前往西南大西洋的公海海域进行生产，并以钓具类进行作业。1987 年和 1989 年西南大西洋海域的鱿钓产量达到最高 76 万 t，自 1986 年开始，头足类总产量已经显示出略呈下降趋势的波动，但总产量通常稳定在 50 万 t 以上，绝大多数为阿根廷滑柔鱼，它是西南大西洋资源量最为丰富的种类之一。我国台湾省于 1983 年首次派渔船前往作业，渔获量 272 t。1984 年有 8 艘渔船前往，渔获量 6 495 t。1985 年，加入开发的渔船数量跃升到 48 艘，渔获量达 53 123 t。此后，渔业规模逐渐成长，至 1988 年的 132 艘渔船为最高峰，然后逐次减少至目前的 93 艘渔船。历年的渔获量都在 11 万 t 以上。1993 年、1997 年则分别高达 19.7 万 t 和 19.4 万 t。目前参与开发国家和地区还有日本、韩国、西班牙、俄罗斯及中国大陆。1999 年阿根廷滑柔鱼总产量达到历史最高水平，为 115.33 万 t，此后逐年下降，到 2004 年下降到 17.9 万 t。2007 年回升至 95.5 万 t，2009-2012 年产量维持在 19 万~34 万 t 之间（表 1-2）。

5. 茎柔鱼

茎柔鱼分布在秘鲁及智利沿岸，在秘鲁作为食用，在智利做鱼粉。1965

年末至 1966 年初，苏联调查船曾在秘鲁、智利近海海域进行调查，发现了茎柔鱼的大批群体。茎柔鱼渔业起始于 1974 年，以当地的手钓钩为主要方式，渔获量较少，都用于当地消费。由于联合国全面禁止在公海的大型流刺网作业，在北太平洋生产的鱿钓船需要寻找后备渔场。1991 年，日本和韩国鱿钓船在秘鲁水域进行了以茎柔鱼为捕捞目标的试捕调查工作，并取得了成功。之后，该渔业的年产量逐步增加，1994 年达到 16.5 万 t。1995 年由于海况的变化使鱼群分散，使得产量猛跌至 8 万 t（Yamashiro et al.，1998）。1997 年和 1998 年由于厄尔尼诺现象的发生，使得其资源量出现下降，产量剧减。1999 年以后，茎柔鱼资源又得到恢复。2004 年以来，全球茎柔鱼总产量维持在 64 万~95 万 t 之间（表 1-2）。

6. 鸢乌贼

印度洋具有极大的头足类资源（Zuev 和 Nesis，1971；Voss，1973；Nesis，1977；Zuev et al.，1985；Nicolson 和 Nyensi，1990；Trotsenko 和 Pinchukov，1994），其中以鸢乌贼的资源量为最丰富。1975-1976 年日本水产厅调查船"照洋丸"进行了 2 个航次的调查。调查的目的是执行联合国印度洋开发计划以及进行海洋环境调查。在利用探鱼仪、钓机等对浮性鱼类资源进行调查过程中，白天发现在水深 100~300 m 层有显著的鱼群映像反映，傍晚映像形成 DSL 层并逐步上浮。经过钓机和中层拖网捕捞确认为鱼群映像为胴长在 180~500 mm 的鸢乌贼。利用中层拖网进行调查的渔获物中，大多数为鸢乌贼。1995 年和 1996 年秋季日本调查船"照洋丸"再度到印度洋进行头足类资源调查。调查结果表明，印度洋的大部分海域都有鸢乌贼的分布，在阿拉伯海域的北部资源最为丰富，有大型鸢乌贼的浓密分布（胴长为 300~490 mm），最高 1 个晚上（4 h）的产量为 2.2 t 以上，其每小时每根钓线的渔获量超过 5 kg。苏联曾多次对印度洋头足类资源进行调查，Zuev（1985）认为，印度洋鸢乌贼推定有 200 万 t 的资源量，一般来说其资源密度为 50~75 kg/平方千米，在阿拉伯海资源密度为最高。1988 年 11 月-1989 年 2 月在 20°~22°N 海域调查，其密度为 6.5 t/平方千米，14°—15°N 的密度为 12~42 t/平方千米（Nesis，1993）。

二、中国对大洋性经济柔鱼类资源的开发情况

我国（大陆地区）是头足类主要生产国之一，2001-2012 年头足类年产量为 47.65 万~108.69 万 t。目前作业海域主要分布在西北太平洋、西南大

西洋、东南太平洋和中东大西洋海域。20世纪80年代，由于中国大陆近海经济鱼类资源的严重衰退，大量国营渔业企业拖网渔船的生存与发展面临着困境，迫切需要开发新的捕捞种类、开拓新的渔场和研究新的作业方式。我国于1989年成功开发日本海的太平洋褶柔鱼资源后，1993年开始对北太平洋柔鱼资源进行探捕调查，第二年便有大批鱿钓船（98艘）投入生产，共捕获柔鱼2.3万t，平均单船为234.6t。1995年在西北太平洋作业的渔船增加到248艘，产量7.3万t，平均单船产量为294.3t。1996年作业渔船进一步增加到369艘，产量为8.3万t，平均单产为225.5t。为了更好地保证我国鱿钓业健康顺利的发展，针对目前日、俄、韩等国全面实施200 n mile专属经济区的情况，为巩固提高鱿钓渔业和积极探索后备渔场，在前几年的基础上，继续向160°E以东海域扩大探捕，到2000年，鱿钓作业渔场已经拓展到170°W，产量维持在12万~13万t间。2002-2008年产量在8万~10万t间波动，2009年8-10月旺汛期间由于水温变动以及黑潮大弯曲的出现使得传统作业渔场柔鱼产量出现大幅度下降，日产量仅为正常年份的一半，产量为3.68万t。此后2年产量有所回升，维持在5万t左右（表1-6）。

随着鱿钓渔业的不断壮大，我国远洋鱿钓渔业中不仅有8 154型拖网渔船改造的鱿钓渔船，还自行建造和引进一批大型专业鱿钓船。从1996年底开始已有部分公司的渔船赴新西兰、西南大西洋等海域进行作业，实现了全年性的专业化生产。特别是在1998年底，正式有较大规模的鱿钓船赴西南大西洋海域生产，作业渔船为19艘，产量约5万t；2000年度在西南大西洋的作业渔船增加到50艘，产量约10万t；2001年度作业渔船猛增到93艘，产量约10万t。作业海域包括阿根廷专属经济区、福克兰群岛（马尔维纳斯群岛，英国称福克兰群岛，本书后同）专属经济区及公海。2002年以来产量发生波动，2008年产量达到历史最高水平，为19.72万t。此后几年产量发生大幅度下降，2013年上升到10.66万t（表1-6）。2001年开始对秘鲁外海茎柔鱼资源进行商业性开发，随后又分别于2006年、2009年、2011年对智利外海、哥斯达黎加外海与赤道附近海域茎柔鱼资源进行探捕调查，并取得成功。2002-2009年间茎柔鱼产量维持在4.6万~8.6万t间（2006年为20.6万t），2010年产量上升到14万t，此后3年产量均达到20万以上（表1-6）。此外，我国鱿钓船于2003-2005年对西北印度洋鸢乌贼资源进行探捕调查，2006年该渔业捕捞产量超过5 000 t。目前，柔鱼、阿根廷滑柔鱼、茎柔鱼已成为我国远洋鱿鱼钓主要捕捞对象。

表 1-6 2002-2013 年我国鱿钓船捕获柔鱼、阿根廷滑柔鱼、
荘柔鱼总产量及平均单船产量

单位：t

年份	柔鱼		阿根廷滑柔鱼		茎柔鱼	
	总产量	平均单船产量	总产量	平均单船产量	总产量	平均单船产量
2002	84 487.0	233.4	86 558.2	892.4	50 000.0	1 163.0
2003	82 949.0	404.6	97 035.7	1 021.4	80 100.0	1 083.0
2004	106 532.2	502.5	13 435.3	144.5	205 600.0	1 728.2
2005	98 372.0	433.4	40 018.6	540.8	86 300.0	927.5
2006	108 097.1	330.6	103 286.6	1 812.0	62 000.0	1 441.8
2007	113 117.6	443.7	183 753.4	3 402.8	46 400.0	1 252.9
2008	106 018.9	410.9	197 186.9	3 399.8	80 700.0	1 613.2
2009	36 763.7	134.7	60 717.2	1 046.8	64 400.0	1 192.6
2010	55 350.7	211.3	34 775.2	610.1	139 900.0	1 344.7
2011	54 218.9	283.9	12 302.9	473.2	250 600.0	1 457.0
2012	34 412.2	152.9	58 974.1	567.1	221 100.0	870.5
2013	51 987.8	219.4	106 550.0	705.6	242 200.2	1 181.5

开发和利用大洋性柔鱼类资源不仅为我国近海渔民提供更多的就业机会，而且会带动运输、加工、出口贸易等行业的发展，具有显著的经济效益和社会效益；对维护我国在国际公海的海洋权益，将我国建设成为海洋强国具有重要的意义。柔鱼类资源丰富且分布广泛，同时在海洋生态系统中占据着举足轻重的地位。各国学者对它们的渔业生物学、资源评估等方面进行了深入的研究，而作为水产资源评估和管理的基本单元——群体的划分仍未从分子水平上得以确立。在对渔业资源进行评估与管理时，准确判定物种种群遗传结构有助于制定科学合理的渔业管理政策。而忽略遗传结构的存在，对混合群体进行过度捕捞，有可能导致资源量较少的群体率先灭绝，从而影响渔业资源的可持续利用。因此，本书利用分子生物学技术对几种重要大洋性柔鱼类的种群遗传结构进行研究，并探讨它们的地理分布格局及形成机制，以期对大洋性柔鱼类资源进行可持续利用以及对其物种起源、群体扩张进行合理推测。

第二章　分子系统地理学

第一节　分子系统地理学的发展简史

一、生物地理学

生物地理学（biogeography）是研究生物的分布及其规律的科学，研究的领域涉及物种的起源、扩散、分化和分布（陈领和宋延龄，2005）。生物地理学理论问题的核心是要解决现存物种是如何起源的，其分布模式是如何形成的，为什么会存在特有种和物种间断分布等现象。隔离和扩散学说是解释生物地理学格局理论框架的重要组成部分，虽然两者的相对重要性不同，但对于现生的生物类群，真实的生物地理过程更多的是隔离和扩散的共同作用（黄晓磊和乔格侠，2010）。生物地理学最根本的分化是在生态和历史方面的分化，由此分为生态生物地理学（ecological biogeography）与历史生物地理学（historical biogeography）。历史生物地理学就是研究现代生物分布区的历史形成过程，它是在较大区域内考虑长期进化的影响。而生态生物地理学则研究"现存自然因素"对物种分布格局的作用，它是在局部生境内考虑短期生态因子的影响（董路和张雁云，2011）。生物地理学自 20 世纪中叶迎来了一个新的发展时期，兴起的有关生物地理学的新理论有：泛生物地理学（panbiogeography）、隔离分化生物地理学（vicariance biogeography）、系统发育生物地理学（phylogenetic biogeography）、岛屿生物地理学（island biogeography）等。

二、分子系统地理学的建立与发展

1. 理论基础

任何新兴学科的建立都离不开理论知识的不断积累以及理论体系的形成，随着分子生物学理论和技术在生物地理学研究中的应用，分子系统地理学

（molecular phylogeography）的理论框架便建立了。它可以准确地阐释各分类阶元之间的进化关系，为生物地理学研究提供更加可信的科学结论。在 DNA 分子时代之前，分子多态性主要以蛋白质电泳图谱中等位基因频率形式表现，多态性水平较低。随着 DNA 分子双螺旋结构的发现以及 DNA 检测技术的发展，DNA 分子上单个碱基的突变即可被检测到，使得个体间乃至群体间分子多态性大大增加。同时，基因突变也是生物进化的基础，它为生物能够适应周围环境的变化提供一种手段。20 世纪 60 年代晚期，Kimura（1968）提出分子进化的中性学说（neutral theory of molecular evolution），该学说认为生物在进化过程中确立的突变从适合度的观点看是中性的。这个理论具有重要意义，它意味着我们可以从 DNA 分子结构上的变化来估计进化过程中涉及时期的方法，并因此为种系发生设置一个时间尺度。这些理论研究为分子钟理论（molecular clock theory）的提出奠定了基础。

1975 年，Watterson 描述了基因谱系的基本特征，标志着现代溯祖理论（coalescent theory）的诞生。该理论在本质上为利用当前一个样本不同等位基因构建的基因树从而及时地追溯到祖先样本经历的历史事件。目前，溯祖理论被一致认为是群体样本各种分子数据分析的基础，而利用分子数据重建系统发育树以描述种间、群体间乃至个体间的谱系关系是分子系统地理学的核心内容。重建系统发育树的方法可分为 2 类，一类是基于遗传距离的算术聚类方法，主要包括邻接法（neighbor joining，NJ）和不加权算数平均对组法（unweighted pair group method with arithmetic mean，UPGMA）；一类是基于性状的最优搜索方法，主要包括最大简约法（maximum parsimony，MP）、最大似然法（maximum likelihood，ML）和贝叶斯法。

2. 实践基础

分子遗传标记的发展为分子系统地理学的建立与发展提供了实践基础。线粒体 DNA（mtDNA）标记由于能够检测出群体间及群体内较高水平的遗传变异，并且能够进一步阐明影响种群结构（如繁殖策略等）、群体历史动态及遗传多样性水平的因素而广泛应用于分子系统地理学研究中（Brutto et al.，2011）。早期主要是应用 mtDNA 限制性酶切技术，通过对限制性片断长度多态性（restriction fragment length polymorphism，RFLP）的比较分析，探讨种内不同种群及近缘生物类群种间的系统发育关系（Avise et al.，1979）。20 世纪 90 年代以来，随着 PCR 扩增技术及 DNA 测序技术的发展，mtDNA 序列分析方法在分子系统地理学领域得以广泛应用（Bowen 和 Grant，1997）。微卫星

DNA 是一种广泛分布于真核生物基因组中的串状重复序列，又称简单序列重复（simple sequence repeat，SSR）。SSR 标记具有高度多态性，虽然在阐述种群进化历程方面有所欠缺，但在检测群体间遗传分化等方面更为敏感，能够检测出其他分子遗传标记不能反映的遗传结构，常与 mtDNA 标记结合来确立物种的种群遗传结构。

3. 分子系统地理学的建立与发展

随着分子系统地理学的理论基础不断完善以及分子遗传标记的快速发展，分子系统地理学便应运而生。它采用分子生物学技术重建种内及种上的系统发育关系，探讨种群及近缘生物类群的系统地理格局（phylogeographic pattern）形成机制，从而阐释其进化历史（高天翔等，2009）。分子系统地理学首先通过分子遗传标记获得所要研究物种或者近缘生物类群的遗传学信息，根据这些分子数据构建种间、群体间乃至个体间的系统发育树。然后利用分子钟理论和溯祖理论推测祖先种群的分化时间，并与板块构造变化或冰期-间冰期变化等古地质、古气候事件发生的时间进行比较，结合物种的地理分布状况探讨其系统地理格局的形成机制以及追溯和揭示物种的进化历程。

第四纪冰期-间冰期气候变化对物种的形成、分布区演变及现存物种遗传格局的形成产生重要影响。在冰盛期（glacial maxima），亚洲的北部、欧洲和北美洲的大部分地区都为巨大的冰原所覆盖，海平面高度发生最大为 120～140 m 的下降，许多生物在分布区域面积和种群大小方面产生较大的变化，最后迁移到若干个被压缩的冰期避难所，冰期后物种再发生群体扩张，从而形成现在的地理分布格局（Grant 和 Bowen，1998）。物种的这种时空分布历程在遗传学上留下的印记可以通过分子遗传标记获得，进而可以追溯和揭示物种的进化历程。自分子系统地理学建立以来，陆生动植物的系统地理格局研究主要集中在北美洲和欧洲地区。该领域在海洋生物中主要是海洋鱼类也得到广泛应用，如海洋生物地理学假设的检验、群体历史动态及其影响因素的检测等。

近年来，有关分子系统地理学的研究取得较快的进展，已成为国际上研究的热点领域。如青藏高原的隆起对该区域生物多样性的塑造与物种进化历史的推测产生重要影响，为隔离假说的应用提供前提条件（Guo et al.，2011；Zou et al.，2012）；而全球大尺度的气候变化则对生物的栖息地环境产生重要影响，使得生物向适宜的栖息地扩散，形成当前的时空分布格局（Qiu et al.，2009；Nakamura et al.，2012）。分子系统地理学的研究对象也逐渐由单一物种扩大为区域性近缘生物类群，这有利于近缘生物类群系统演化的推测（Loria et al.，2011；Masuda et al.，2012）。

4. 存在的问题

分子系统地理学由于能够重建种内和种上水平的系统发育关系进而阐释物种进化历史而得以广泛应用，但也存在不足。主要体现在以下两个方面。

（1）分子系统地理学的理论基础不够完善。

利用分子钟理论估算物种进化事件的时间与地质事件的发生并不总是同步。分子钟理论认为不同物种及各世代间的进化速率在时间上是恒定的，个体间分子差异应该和它们从一个共同祖先进化以来过去的时间总量成正比。而通过对蛋白质和核酸结构的深入研究，那些编码对细胞的功能性较低的蛋白质的基因较易积累碱基替代，这导致 DNA 不同部分以不同的速率进化从而影响物种进化时间的估算（Cox 和 Moore，2005）。因此，在估算种群间及近缘生物类群间的分化年代及群体扩张时间时应结合多个节点化石的证据。

（2）分子遗传标记自身的缺陷。

溯祖理论在应用时主要采用 mtDNA 标记，mtDNA 不发生重组，DNA 多态性以单倍型形式表现。但 mtDNA 标记仅代表 1 个单一位点，遗传信息较核基因组非常有限。另外，mtDNA 具有母系遗传特性，在检测群体间基因流时，雄性个体迁移所带来的影响往往被忽略（程娇，2011）。尽管核基因存在进化速率慢及重组问题，但由于它具有多位点、遗传信息丰富等优点，可作为溯祖理论进一步应用的备选分子标记（Anderson et al.，2011）。SSR 标记主要的缺陷就是存在无效等位基因（null allele），无效等位基因是指排除 DNA 质量和 PCR 技术问题，某位点无可见的扩增条带或扩增条带少于预期值（文亚峰等，2013）。它产生的原因主要为 SSR 侧翼序列变异，从而导致该位点无法正常扩增，可以通过改变引物与侧翼序列的结合位点来消除或避免。

第二节　头足类分子系统地理学研究进展

头足类大概起源于 5.3 亿年前，在 4.16 亿年前分化为鹦鹉螺亚纲和蛸亚纲（Kröger et al.，2011）。它广泛分布于世界各大洋和各海域（波罗的海和黑海除外），极少数种类能够在河口低盐度水域生活。全球头足类的分布呈不对称分布，例如：美洲海域无乌贼科种类分布，各大洋东部海域生活的种类明显比西部少；某些种类全球均有分布或环热带、亚热带、温带等海域分布，而有些种类仅限于某一特定海域，如低温海域（陈新军等，2009）。因此，全面开展头足类分子系统地理学研究将有助于促进对头足类物种分布格局及其形成机制的理解。

一、头足类的种群遗传结构

群体的遗传变异在时间和空间上的分布情况即种群遗传结构，准确确定种群遗传结构是检测头足类系统地理格局的基础。根据头足类群体遗传变异的研究结果，头足类种群遗传结构模式可归纳为3类。

（1）物种在其分布范围内由于存在物理、环境、行为学上的障碍被分割为若干个独立的群体，群体间缺乏基因交流，从而形成显著的遗传结构。真蛸广泛分布于世界各大洋热带和温带海域，它是地中海产量最大的蛸类，也是西北非底拖网重要的捕捞对象之一（Murphy et al.，2002）。国外学者认为西北非沿岸存在2个主要的真蛸作业海域——撒哈拉西海岸与毛里塔尼亚沿岸。该海域缺乏显著的地理障碍，而通过 SSR 标记却检测出2个地理群体存在显著的遗传分化，这很可能与该海域存在的上升流系统有关（Rodríguez et al.，1999）。

（2）物种在其分布范围内存在显著的遗传分化但没有形成完全的隔离，各地理群体间存在有限的基因交流。这种遗传结构通常符合“距离隔离”（isolation by distance）模式（宋娜，2011）。Wolfram 等（2006）对英吉利海峡与比斯开湾的乌贼群体遗传变异进行微卫星分析，检测到群体间存在较低水平但显著的遗传差异，2个群体在繁殖策略及海洋环境因素共同作用下进行一定程度的基因交流。此外，我国沿海长蛸（Octopus variabilis）与短蛸的种群遗传结构也属于此种模式（常抗美等，2010；吕振明等，2010）。

（3）物种在其分布范围内不同地理群体间的个体可以随机交配，充分发生基因交流，被视作单一随机交配群体（single panmictic unit）。头足类通常在非常广阔的分布范围内表现出很低的遗传分化。一方面，海洋环境缺乏显著的物理障碍，不能有效地阻止群体间进行广泛的基因交流，而全球普遍存在的环流系统也促进头足类卵、营浮游生活幼体的扩散（刘连为等，2012）。另一方面，某些头足类，特别是大洋性种类具有较强的游泳能力及长距离的洄游生活史，不同地理群体在生殖洄游过程中可能发生基因交流（Tanaka，2001；刘连为等，2013）。Reichow 和 Smith（2001）对分布于北美洲西海岸的乳光枪乌贼遗传变异进行微卫星分析，结果表明，在长达 2 500 km 的海岸线分布范围内，乳光枪乌贼在时空分布上的遗传差异不显著，群体间存在较高水平的基因交流。

二、头足类系统地理格局

Avise 等（1987）通过大量的分子系统地理学研究总结出 5 种种群系统地理格局，现对头足类常见的 3 种系统地理格局作阐述（图 2-1）。

（1）系统发育上具有较大分化的类群，在空间上是异域分布的。

长期的地理隔离导致不同地理群体间基因交流中断以及那些群体间基因交流较弱的广布种的中间过渡类型逐渐消失均可形成这类系统地理格局。具有这类系统地理格局的物种在遗传结构模式上属于上述第一种类型，即具有显著的遗传结构（程娇，2013）。Aoki 等（2008）对日本及中国东部和南部海域的莱氏拟乌贼（*Sepioteuthis lessoniana*）mtDNA 非编码区核苷酸序列进行比较分析。核苷酸多样性与单倍型差异结果显示，莱氏拟乌贼日本海域群体具有较低的遗传多样性，但它与中国东部和南部海域群体的遗传差异显著。单倍型最小跨度树与 UPGMA 系统树均存在与地理分支相对应的 2 个类群。

（2）系统发育上具有较大分化的类群，在空间上是同域分布的。

该系统地理格局主要是由于历史上异域分化的类群再次混合形成。具有这类系统地理格局的物种有可能出现以上 3 种种群遗传结构模式。当种内系统发育上出现显著分化的类群时，而且它们在地理上的分布频率存在显著的差异，那么在遗传结构模式上属于上述第一种类型。Dillane 等（2005）研究分布在东大西洋与地中海的短柔鱼（*Todaropsis eblanae*）系统地理格局时，检测到东大西洋短柔鱼 3 个地理群体存在显著的遗传分化，因此在渔业管理上建议将东大西洋短柔鱼至少划分为 3 个管理单元进行开发利用。作者认为由于更新世气候变化，东大西洋短柔鱼可能在冰期避难所的隔离下形成分化，间冰期在其分布范围内重新殖化从而形成现在的系统地理格局。如果在某些物种局部的分布范围内探讨系统地理格局，那么有可能检测到第二种模式类型。而当种内系统发育上出现显著分化的类群，但它们在地理上的分布频率无显著的差异，即不存在显著的种群遗传结构，这种模式为第三种类型。

（3）系统发育上连续的类群，在空间上的分布也是连续的。

这类系统地理格局通常在单一随机交配群体中出现，在遗传结构模式上属于上述第三种类型。群体间遗传差异不显著，基因谱系结构简单。分布于日本沿海的 6 个长枪乌贼（*Loligo bleekeri*）群体具有较低水平的遗传多样性，单倍型分布频率在各地理群体间的差异不显著，不存在与地理分支相对应的单倍型类群（Ito et al., 2006）。

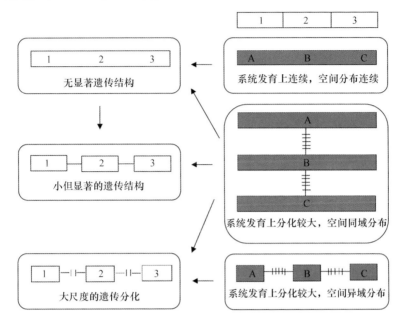

图 2-1　三种遗传结构模式和系统地理格局以及他们之间的相互关系（刘名，2010）
数字代表不同地理群体，字母代表不同系统发育类群

三、影响头足类系统地理格局的因素

头足类是软体动物门中最古老且高等的种类，在长期的进化过程中形成了以上 3 种主要的系统地理格局。头足类系统地理格局是古气候、古地质、当前的海洋环境条件及自身的生活史特征共同塑造的。

1. 古气候

始新世向渐新世过渡时期，大西洋西部边缘赤道地区海表温（sea surface temperature, SST）的降低使得分布于加勒比海的乌贼目种类灭绝（Emiliani, 1966）。在过去的 300 万年里，全球气候发生巨大波动，引发主要的冰期事件，不可避免地对北极、温带、热带区域物种的时空分布格局产生巨大影响（Imbrie et al., 1992）。物种当前的种群遗传结构主要是在第四纪冰期形成的，在过去的 80 万年里，海平面高度以约 10 万年为周期发生最大为 120~140 m 的升降。第四纪频繁的冰期–间冰期循环导致许多生物在其分布范围内经历了明显的收缩和扩张 (Hewitt, 2000)。浅海头足类在更新世可能经历过局部灭绝事件或者从其主要栖息地被迫南移, 只在冰期避难所有所残留, 在间冰期随着海平面的上升残存个体由避难所扩张重新进行殖化 (Riggs 等, 1996)。

2. 古地质

南北美洲及加勒比板块的聚合以及中美洲地峡的隆起 (约 500 万年前) 限制了大西洋与太平洋之间的海水交换, 使得大西洋西部边缘海域营养盐含量下降, 很多动物要么不断进化适应新环境要么灭绝 (Haug 和 Tiedemann, 1998)。巴拿马海道的最终闭合可追溯到 190 万年前, 这导致了八腕目种类地理隔离的形成, 并且在大西洋西部边缘热带海域呈异域分布状态 (Voight, 1988)。在大西洋东部边缘海域, 浅海头足类经历的主要历史冲击事件为地中海在墨西拿期 (约 550 万年前) 收缩为一个隔离的盐湖, 导致狭盐性种类灭绝与本地种出现, 使得头足类的遗传多样性大大降低 (Taviani, 2002)。

3. 当前的海洋环境条件

海洋环境因子包括不同海域的地理特征 (岛屿、盆地等)、海洋学特征 (海流、海水温度、盐度、海洋锋面等) 等理化因子, 它们的存在有利于或阻碍群体间发生基因交流, 从而形成特有的遗传结构 (Bowen 和 Grant, 1997)。北太平洋黑潮的存在使得分布于日本海域与中国东部和南部海域的莱氏拟乌贼之间的基因交流受到限制, 从而导致群体间存在显著的遗传分化 (Aoki et al., 2008)。而短柔鱼地中海群体与东大西洋群体存在显著的遗传分化, 可能是由于直布罗陀海峡与地中海西部的海洋锋面作为物理屏障限制了群体的扩散 (Dillane et al., 2005)。

4. 自身的生活史特征

不同的生活史特征如卵的类型、幼体与成体运动能力、幼体浮游期的长短等可能会影响头足类的扩散能力, 而不同的繁殖策略则有可能影响群体间发生基因交流 (宋娜, 2011)。分布于英吉利海峡的乌贼生命周期为 2 年, 而分布于比斯开湾的乌贼部分个体生长较快, 一年生, 二者经过越冬洄游后产卵时间相差仅几周, 在沿岸海域产卵时进行一定程度的基因交流 (Wolfram et al., 2006)。物种不同的进化历史影响着遗传变异的积累以及显著遗传分化的形成, 分布于东大西洋与地中海的种类是否具有显著的谱系结构, 与它们在地中海殖化时间的长短有关，当遗传变异积累到一定程度时就有可能形成显著的遗传分化（Bahri-Sfar et al.，2000）。

很多研究都表明物种当前的系统地理格局并不是由某单一因素决定的，而是由多个因素共同作用的结果。Doubleday 等（2009）对东南澳大利亚海域（南澳大利亚、东北塔斯马尼亚、西南塔斯马尼亚、伊格尔霍克内克湾）和新西兰海域的毛利蛸（*Octopus maorum*）种群遗传结构进行研究，结果表明，东南澳大利亚海域群体与新西兰海域群体以及东北塔斯马尼亚群体与其他群体均存在显著的遗传分化。塔斯马尼亚岛与澳大利亚大陆之间可能在历史事件过程中形成陆桥从而阻止东北塔斯马尼亚群体与南澳大利亚群体进行基因交流。而西南塔斯马尼亚、伊格尔霍克内克湾群体与相距约 1 500 km 的南澳大利亚群体间遗传差异均不显著，它们可能来源于同一群体，即南澳大利亚毛利蛸幼体在海流的作用下到达南塔斯马尼亚岛。

四、系统演化关系——从系统进化的角度探讨头足类的分布格局

分子系统地理学融合了其他学科，特别是群体遗传学与系统发育学（phylogenetic），将种内水平的微进化（microevolution）与种上水平的大进化（macroevolution）有机地结合起来（Avise，1998）。在分子系统发育水平上探讨物种的分类地位，为研究近缘生物类群分布格局的成因奠定了基础（董路和张雁云，2011）。柔鱼类分为柔鱼亚科、滑柔鱼亚科与褶柔鱼亚科，广泛分布于太平洋、印度洋与大西洋（陈新军等，2009）。Nigmatullin（2005）基于形态—功能及生态学观点认为柔鱼类的进化经历 3 个阶段：大陆坡/大陆架种类（滑柔鱼亚科）—大洋性浅海类（褶柔鱼亚科）—大洋性种类（柔鱼亚科）。Wakabayashi 等（2012）利用 mtDNA 序列分析方法研究柔鱼类系统发育关系，重建的 ML 系统树支持了 Nigmatullin 的观点，但原先基于形态学特征被划为柔鱼亚科的鸟柔鱼（*Ornithoteuthis volatilis*）与褶柔鱼亚科种类聚为一类。而太平洋褶柔鱼与双柔鱼属（*Nototodarus*）种类亲缘关系较近，却与同属的南极褶柔鱼（*Todarodes filippovae*）亲缘关系较远。作者认为有必要根据形态学关键特征重新评价柔鱼类的分类地位。这些结论有助于拓展对头足类分布格局的新认识。

此外，对分布广泛的头足类属内种进行分子系统学研究可检测物种的分类地位并揭示出隐种（cryptic species）的存在（Allock 和 Piertney，2002）。中国枪乌贼与剑尖枪乌贼分布广泛，在 2 个种的分布区存在多个该属隐种。

Sin 等（2009）对二者的形态学与遗传学差异进行比较分析，结果显示，二者具有显著的差异，而原先被认为是中国枪乌贼同种异名的 *Loligo etheridgei* 被确定为隐种。隐种的发现增加了局部地区的物种多样性，有助于加深对进化理论、生物地理学与保护规划方面的理解（Söller et al., 2000）。

第三章 柔鱼分子系统地理学

第一节 地理分布与群体组成

一、地理分布

柔鱼英文名为 Neon flying squid，外形见图 3-1，广泛分布在三大洋，即白令海、千岛群岛、日本列岛、南海、小笠原群岛、夏威夷群岛、马里亚纳群岛、澳大利亚东部和南部、新西兰、麦哲伦海峡、北美太平洋、斯里兰卡、查戈斯群岛、马达加斯加岛、西非沿岸、地中海、加勒比海、百慕大群岛等海域（图 3-2）（陈新军等，2009）。

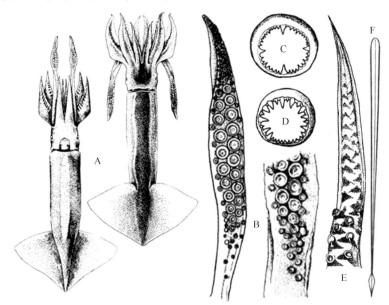

图 3-1　柔鱼形态特征示意图（Roper et al，1984）

A：腹视和背视；B：触腕穗；C：触腕穗吸盘；D：腕吸盘；E：茎化腕；F：内壳

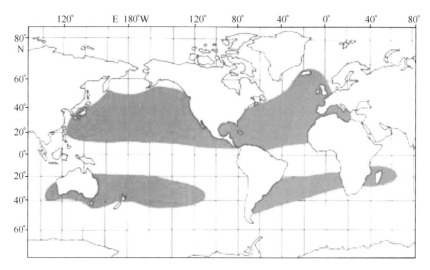

图 3-2　柔鱼地理分布示意图

二、群体组成

柔鱼广泛分布于全球温带、副热带海域,目前主要以北太平洋群体为研究对象。日本学者在这方面的研究较早,Murakami 等（1981）利用柔鱼样本年间生物学数据,分雌雄按不同月份的胴长组成来分析群体组成,基本上判定北太平洋柔鱼分为 4 个群体,即特大型群（LL）、大型群（L）、小型群（S）、特小型群（SS）。Murata 等（1985）认为特大型群在夏季和秋季产卵,而大型群、小型群、特小型群与冬春季 3 次产卵高峰期群体相对应,应属于同一群体。Yatsu 等（1998）根据北太平洋柔鱼的繁殖时期、胴长组成、稚仔鱼分布以及寄生虫分布密度,将其分为秋生中部群体、秋生东部群体、冬春生西部群体和冬春生中东部群体。

我国台湾学者陈志炘和丘臺生（2003）基于耳石生长的数字化标记,对北太平洋柔鱼多个早期生长数量特征通过反演法进行估算。鉴定出分布于东北太平洋的秋生群和冬生群,以及分布于西北太平洋不同地理位置的 2 个胴长组雌性群体。东北太平洋和西北太平洋大型雌性个体组（胴长>350 mm）的胴长与耳石轮纹半径的线性关系没有显示出明显差异,而小型雌性个体组（胴长<350 mm）和雄性个体组差异均显著。推测东北太平洋和西北太平洋大型雌性个体可能来自同一群体。由于采集的雄性个体数,特别是东北太平洋雄性个体数少,作者建议进行连续调查以阐明雄性群体的种群结构。

第二节　种群遗传结构

SSR 标记由于具有高度多态性、共显性、实验操作相对简单等优点，所以在群体遗传学分析、基因克隆、育种改良以及连锁图谱构建等领域得到广泛的应用（刘云国，2009）。目前，柔鱼 SSR 的分离在国内外尚未见报道，而阿根廷滑柔鱼等其他柔鱼类的 SSR 标记已经开发出，并应用到群体遗传多样性与种群遗传结构研究中（Adock et al.，1999；Iwata et al.，2008）。它们主要采用选择杂交法分离 SSR 位点，这种方法需要构建富含 SSR 的基因组文库、检测阳性克隆与测序，从而筛选出多态性 SSR 标记。本书首先采用磁珠富集法构建柔鱼部分基因组微卫星富集文库，然后筛选出多态性 SSR 标记用于检测北太平洋柔鱼种群遗传结构。

一、柔鱼 SSR 标记的分离与鉴定

1. 材料与方法

（1）实验材料与基因组 DNA 的提取。

柔鱼捕获后立刻剪取尾鳍肌肉组织保存于 95% 乙醇中，存放于船舱冷库中并运回至实验室。采用组织/细胞基因组 DNA 快速提取试剂盒提取 DNA，洗脱缓冲液 EB 溶解，-20℃ 保存备用。用 1.2% 琼脂糖凝胶电泳检测 DNA 质量，紫外分光光度计检测 DNA 浓度。

（2）微卫星富集文库的构建。

微卫星富集文库的构建主要参照孙效文等（2005）方法，实验流程如图 3-3。

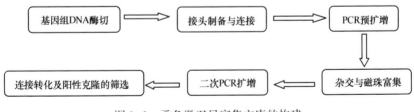

图 3-3　柔鱼微卫星富集文库的构建

（3）测序、引物设计及 SSR 标记的筛选。

挑选含有 SSR 的阳性克隆进行测序，所得测序序列去除载体及接头后，

使用 SSR Hunter 软件查找 SSR 位点。根据其两端保守的侧翼序列，用 Primer Premier 5.0 软件进行引物设计。为获得有效、可靠的 SSR 标记，引物设计时要求分离的 SSR 两侧具有足够的侧翼序列（>80~100 bp）。以北太平洋柔鱼传统作业渔场（165°E 以西）30 个个体的基因组 DNA 为模板，利用普通 SSR 引物进行 PCR 扩增，PCR 产物经过琼脂糖凝胶电泳初步筛选能够扩增出清晰条带的 SSR 标记。然后用带有荧光标记的 SSR 引物进行 PCR 扩增，通过基因分型技术筛选多态性 SSR 标记。

（4）微卫星 PCR 扩增。

PCR 反应总体积均为 25 μL，其中 10×PCR Buffer 2.5 μL、*Taq* DNA polymerase（5U/μL）0.2 μL、dNTP（各 2.5 mmol/L）2μL、上下游引物（10 μmol/L）各 0.6 μL、DNA 模板 20 ng、ddH$_2$O 补足体积。PCR 反应程序为：94℃预变性 2 min；94℃变性 30 s，退火 30 s，72℃延伸 45 s，35 个循环；72℃最后延伸 2 min。

（5）PCR 产物的纯化及其分子量数据的读取。

带有荧光标记的 PCR 产物经过 1.2% 琼脂糖凝胶电泳分离，用 Biospin Gel Extraction Kit 纯化。PCR 纯化产物稀释后与分子量内标（ROX-500）混合，通过 ABI3730XL 全自动 DNA 测序仪进行毛细血管电泳，利用 Genemapper Version 3.5 软件读取微卫星扩增产物的分子量数据（图 3-4）。

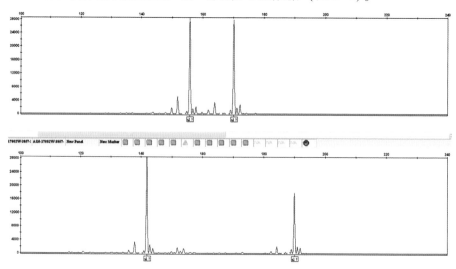

图 3-4 柔鱼位点 Bo108 的分型图

（6）数据统计与分析。

根据分子量数据确定个体各位点基因型，利用 Popgen 3.2（Nei，1978）进行群体遗传学分析，计算等位基因数（N_a），有效等位基因数（N_e），观测杂合度（H_o），期望杂合度（H_e）与 Shannon 多样性指数（Shannon's information index，I）。多态信息含量（PIC）由 Cervus 3.0 软件计算，并采用马尔科夫链（Markov Chain）方法进行 Hardy-Weinberg 平衡检验（Kalinowski et al.，2007）。

2. 结果

（1）基因组 DNA 酶切与 SSR 目的片段的检测。

基因组 DNA 浓度均大于 150 ng/uL，符合基因组文库构建的要求（图 3-5）。如图所示，基因组酶切后，Smear 主要集中在 250～1 000 bp 范围内，表明基因组 DNA 被彻底消化（图 3-6a）。用胶回收试剂盒回收纯化 250～1 000 bp 大小凝胶产物，与接头连接后进行 PCR 预扩增，琼脂糖凝胶电泳检测 SSR 目的片段是否与接头连接上（图 3-6b）。磁珠富集后对含有 SSR 的单链 DNA 再次进行 PCR 扩增，琼脂糖凝胶电泳检测磁珠是否捕获 SSR 目的片段（图 3-6c）。从图中可以看出，PCR 预扩增产物、二次 PCR 扩增产物与酶切产物片段大小基本相符。

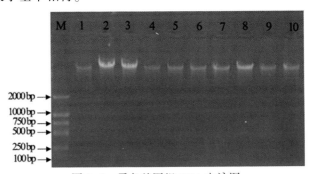

图 3-5　柔鱼基因组 DNA 电泳图

（2）阳性克隆的筛选与鉴定。

蓝白斑筛选阳性克隆，以阳性克隆菌悬液为模板，探针序列（AC）$_{12}$ 与（AG）$_{12}$ 为引物进行 PCR 扩增，琼脂糖凝胶电泳检测。若目的 DNA 片段不含有 SSR，则扩增产物为单一条带；如果含有 SSR，则扩增产物至少有 2 条带。AC 探针与 AG 探针部分阳性克隆鉴定琼脂糖凝胶电泳结果如图 3-7、图 3-8，挑选扩增产物条带数≥2 的阳性克隆进行测序。

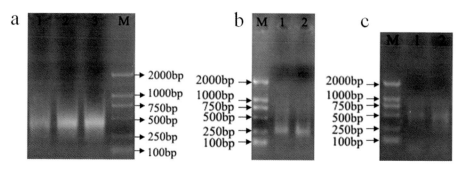

图 3-6　柔鱼基因组 DNA 酶切

（a）、接头与 DNA 目的片段连接的 PCR 扩增　（b）、磁珠富集 SSR 的 PCR 扩增　（c）电泳图

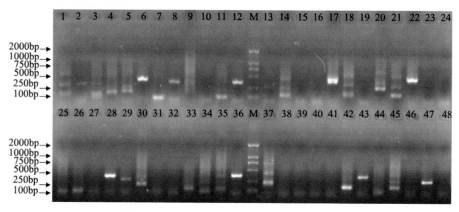

图 3-7　AC 探针阳性克隆 PCR 扩增结果

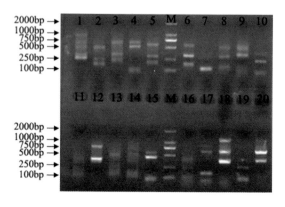

图 3-8　AG 探针阳性克隆 PCR 扩增结果

（3）测序结果与 SSR 标记的筛选。

随机挑取 800 个白色菌落，经菌落 PCR 检测后，共有 68 个阳性克隆，阳性克隆率为 8.5%。对所有的阳性克隆进行测序，有 60 个（88.24%）克隆含有 SSR。重复次数在 11~20 之间的 SSR 最多，为 34 个（44.74%），重复次数在 21~30 之间的 SSR 次之，为 28 个（36.84%），重复 30 次以上的 SSR 最少，为 4 个（5.26%），最高重复次数为 33。其中，完美型微卫星 46 个（60.53%），非完美型微卫星 28 个（36.84%），混合型微卫星 2 个（2.63%）（表 3-1）。含有 AG 重复单元的 SSR 占 52.63%，含有 AC 重复单元的 SSR 占 42.11%。除探针使用的 AC/TG、AG/TC 重复外，还得到 ACAG、AGAC 重复序列。获得的 SSR 中，除了那些由于本身结构或两端序列太短不能设计引物外，其余的共设计引物 40 对。合成 40 对 SSR 引物对柔鱼样本进行 PCR 扩增，结果有 12 对能扩增出特异条带，其中 8 对具有多态性。SSR 引物的核心序列、扩增产物大小及退火温度等情况如表 3-2 所示。图 3-9 为位点 Bo101 与位点 Bo108 部分个体 PCR 扩增的琼脂糖电泳检测结果。

表 3-1 柔鱼不同类型 SSR 所占比例

	完美型	非完美型	混合型	重复数			
				5~10	11~20	21~30	31~40
数量	46	28	2	10	34	28	4
百分比（%）	60.53	36.84	2.63	13.16	44.74	36.84	5.26

表 3-2 柔鱼 8 对 SSR 引物特征

位点	核心重复序列	引物序列（5'-3'）	产物大小（bp）	T_m（℃）	GenBank 登录号
Bo101	$(AG)_8 (G)_4 (AG)_{21}$	F：GACACTACGTCGTTCAATGCGC R：GCTGAAGCATCATATGGTGGGC	188~274	55.0	KC855230
Bo102	$(AG)_{27} CG (AG)_3$	F：GCCATTACAAGGAAGGAGGTG R：CTTTGTCTCTGCCTCTGTCTC	145~338	51.0	KC855235
Bo103	$(CT)_{18}... (AC)_{15}$	F：CTCCCCACGATACAGCGATA R：CCAATGCACAAATGCTTGCAC	126~319	55.0	KC855244
Bo104	$(AC)_8 (AG)_2 (AC)_{19}$	F：TGGCTCAATCTTGGTAGGGTCA R：AGTTGGAGTTGGGGTTGGGT	115~204	49.6	KC855245

位点	核心重复序列	引物序列（5'-3'）	产物大小（bp）	T_m（℃）	GenBank 登录号
Bo105	(AC)₆… (AC)₁₂TC (AC)₃	F：ATTGACCGGGCTTGACGTTG R：CCAAACCCTATAAAAAGCGCCG	106~268	49.6	KC855240
Bo106	(AC)₂₄	F：CAATTTAGTTTCACCCGAC R：GACGGTCAAGAACTTGAAATC	134~233	48.4	KC855250
Bo107	(AC)₁₅	F：GTGAACGAGCGACTATGATA R：GCATTAGTTTAGGCTTCTGG	125~392	51.0	KC855243
Bo108	(AG)₃₀	F：ATCATCTGACAAGATAGGG R：CACACGAGGGTAGTTACACG	100~190	49.6	KC855233

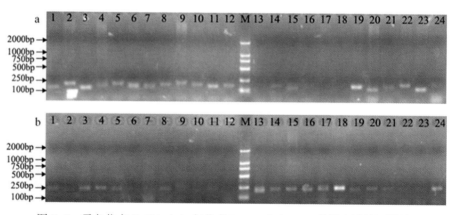

图 3-9　柔鱼位点 Bo101（a）与位点 Bo108（b）PCR 扩增电泳检测结果

（4）SSR 位点多态性。

各位点在群体中的扩增结果见表 3-3。等位基因数为 12~27 个，有效等位基因数介于 4.12~19.53 之间。观测杂合度介于 0.640~0.960 之间，期望杂合度介于 0.769~0.948 之间。Shannon 多样性指数介于 1.365~3.131 之间，多态信息含量介于 0.726~0.958 之间，均为高度多态性位点（PIC>0.5）。所有位点均未显著偏离 Hardy-Weinberg 平衡（P>0.05）。北太平洋柔鱼传统作业渔场群体的平均等位基因数、平均有效等位基因数、平均观测杂合度、平均期望杂合度、多态信息含量与 Shannon 多样性指数分别为 19.75、13.06、0.790、0.932、0.909 与 2.447，显示出较高的遗传多样性水平。

表 3-3　柔鱼 8 个 SSR 位点多态性

位点	等位基因 N_a	有效等位基因数 N_e	观测杂合度 H_o	期望杂合度 H_e	多态信息含量 PIC	Shannon 多样性指数 I
Bo101	25	18.66	0.840	0.948	0.957	3.073
Bo102	16	11.62	0.640	0.910	0.928	2.205
Bo103	23	15.79	0.913	0.937	0.933	2.945
Bo104	19	7.52	0.960	0.870	0.726	2.109
Bo105	20	16.80	0.833	0.940	0.873	2.547
Bo106	27	19.53	0.760	0.948	0.952	3.131
Bo107	12	4.12	0.720	0.769	0.958	1.365
Bo108	16	10.46	0.708	0.905	0.943	2.199
均值	19.75	13.06	0.790	0.932	0.909	2.447

3. 讨论

　　获得 SSR 标记有多种方法，如检索 GenBank、EMBL、DDBJ 等 DNA 序列数据库，或者利用亲缘性较近的物种的 SSR 标记。由于 SSR 侧翼序列在近缘物种间较为保守，因此，采用近缘物种转移法是获得 SSR 标记的简便、快速的方法。本课题组利用阿根廷滑柔鱼多态性 SSR 标记对柔鱼 DNA 样本进行 PCR 扩增，并未检测出任何条带，而茎柔鱼 SSR 标记在柔鱼中具有较好的适用性。由此可以看出，阿根廷滑柔鱼 SSR 标记具有较高的物种特异性，不适合用于检测柔鱼群体遗传多样性。柔鱼与茎柔鱼隶属于柔鱼亚科，而阿根廷滑柔鱼隶属于滑柔鱼亚科，它们在分类地位上的差异可能造成种间 SSR 标记适用性的差异。

　　获得大量的 SSR 标记常采用构建富含 SSR 的基因组文库的方法。其中，磁珠富集法是一种快速、高效的分离 SSR 标记的方法，已经成功应用于贝类、虾蟹类、鱼类等 SSR 标记的开发（赵莹莹等，2006）。为了避免假阳性克隆率过低，通常利用同位素探针进行二次筛选，阳性克隆率高达 42.36%（全迎春等，2006）。本书由于实验室条件限制没有进行二次筛选，阳性克隆率为 8.5%，但高于常规方法筛选 SSR 标记的效率。采用探针 $(AC)_{12}$、$(AG)_{12}$ 筛选柔鱼 SSR 标记，所得 SSR 重复次数在 10 次以上的比例占 86.84%。SSR 的核心序列重复数越多，其等位基因数也就越多，即多态性也就越高（孙效文等，2005）。本书筛选的 8 个 SSR 位点均为高度多态位点

（$PIC>0.5$），柔鱼群体显示出较高的遗传多样性水平（$H_o = 0.790$，$H_e = 0.932$），适于柔鱼群体遗传学分析。在以后的研究中仍需继续开发具有较高多态性的 SSR 标记，从而更好地揭示分布于全球的柔鱼遗传背景和遗传结构，为柔鱼资源的合理开发及保护提供理论依据。

二、基于 SSR 标记的北太平洋柔鱼种群遗传结构

1. 材料与方法

（1）实验材料。

柔鱼捕获后立刻剪取尾鳍肌肉组织保存于 95% 乙醇中，存放于船舱冷库中并运回至实验室。利用耳石微结构获得的日龄数据并结合捕捞日期推算孵化时间，划分出冬春生群（简称 Ws）和秋生群（简称 F）。其中，冬春生群个体性腺发育程度主要为 I 期，个别为 II 期。秋生群个体性腺发育程度以 III 期为主，个别为 IV 期。样本采集信息见表 3-4。

表 3-4　柔鱼样本采集信息

简称	采样地点	采样日期	平均胴长/cm	平均体质量/g	样本数
Ws1	149°29′E、40°41′N	2010-11-12	32.03 ± 2.12	1 028.88 ± 206.91	42
Ws3	159°05′E、39°17′N	2011-07-21	24.15 ± 1.65	417.77 ± 151.44	25
F2	166°32′E、39°25′N	2011-06-28	38.71 ± 1.56	1 700.99 ± 223.13	20
Ws4	174°53′E、40°04′N	2012-07-16	24.77 ± 1.28	406.96 ± 66.08	40
F4	178°02′W、38°52′N	2011-06-05	36.29 ± 1.65	1 400.34 ± 169.66	36
F6	172°21′W、39°41′N	2012-06-05	36.13 ± 2.26	1 364.06 ± 275.07	33

（2）基因组 DNA 的提取。

基因组 DNA 提取采用组织/细胞基因组 DNA 快速提取试剂盒（同前）。

（3）微卫星 PCR 扩增。

根据磁珠富集法筛选的 8 个 SSR 位点（Bo101-Bo108）合成 8 对 SSR 引物，以及利用茎柔鱼 SSR 标记对柔鱼通用性检测筛选的 5 个 SSR 位点（DG04、DG37、DG38、DG40、DGI8）合成 5 对 SSR 引物（表3-5）对柔鱼 6 个地理群体进行 PCR 扩增。PCR 反应总体积均为 25 μL，其中 10×PCR Buffer 2.5 μL、*Taq* DNA polymerase（5U/μL）0.2 μL、dNTP（各 2.5 mmol/L）2μL、上下游引物（10 μmol/L）各 0.6 μL、DNA 模板 20 ng、ddH₂O 补足体

积。PCR 反应程序为：94℃预变性 2 min；94℃变性 30 s，退火 30 s，72℃延伸 45 s，35 个循环；72℃最后延伸 2 min。

表 3-5 茎柔鱼 5 对 SSR 引物特征

位点	核心重复序列	引物序列（5′-3′）	产物大小（bp）	T_m（℃）	GenBank 登录号
DG04	$(AC)_{12}$	F：ACTCAGGACCAAGCAGTAAGA R：AGAGAACACTCGCGACACAC	208~245	55.0	KF922444
DG37	$(TGGC)_4…(CTGG)_6$	F：GCTCCCTGGTGTATTTGCGA R：GTCGCGTCTCTCTGTGCTAC	174~183	59.0	KJ000419
DG38	$(ACA)_7…(CGT)_5$	F：CCAGGTGACGGTGAATCGAA R：ATGATGACAAAACACGCCGG	164~181	58.0	KJ000420
DG40	$(AGC)_5…(GAT)_6$	F：CAAGATGAAGACGGAGGGGG R：TTCGGTTCGAGCAGACTGTC	288~304	60.0	KJ000422
DGI8	$(AG)_{11}…(AG)_6$	F：GGCACCATTCAGAGTGTTAC R：GCGATTTTCTAGCAACTGTTC	190~328	57.0	KF053145

（4）PCR 产物的纯化及其分子量数据的读取。

带有荧光标记的 PCR 产物经过 1.2%琼脂糖凝胶电泳分离，用 Biospin Gel Extraction Kit 纯化。PCR 纯化产物稀释后与分子量内标（ROX-500）混合，通过 ABI3730XL 全自动 DNA 测序仪进行毛细血管电泳，利用 Genemapper Version 3.5 软件读取微卫星扩增产物的分子量数据（图 3-10）。

（5）数据统计与分析。

根据分子量数据确定个体各位点基因型，利用 Popgen 3.2 进行群体遗传学分析，计算等位基因数（N_a），有效等位基因数（N_e），观测杂合度（H_o），期望杂合度（H_e）与 Shannon 多样性指数（Shannon's information index，I）。多态信息含量（PIC）由 Cervus 3.0 软件计算，并采用马尔科夫链（Markov Chain）方法进行 Hardy-Weinberg 平衡检验。利用 Arlequin 3.01（Excoffier et al.，2005）计算群体遗传分化的 F-统计量（F-statistics，F_{st}）及 AMOVA 分析。利用 Popgen 3.2 计算群体间的 Nei's 遗传距离，并基于该遗传距离用 MEGA 4.0（Tamura et al.，2007）构建 UPGMA 系统发生树。根据遗传距离及地理距离数据在 Excel 中作线性相关图，其中两地理坐标间直线距离计算方法参照韩忠民（2011）的方法。利用 Structure 2.3（Pritchard et al.，2000）进行群体遗传结构分析，分析最佳 K 值，即群体遗传结构的理论群体数。

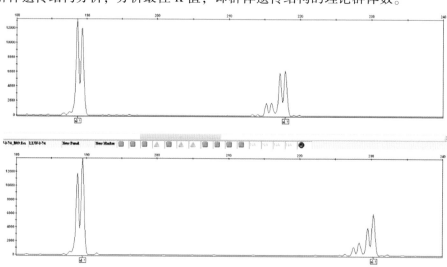

图 3-10　柔鱼位点 Bo101 的分型图

2. 结果

（1）SSR 位点的多态性及群体的遗传多样性。

用筛选获得的 13 个多态性 SSR 位点对柔鱼 6 个群体进行群体遗传学分析，各位点在所有群体中的扩增结果见表 3-6。等位基因数为 13～69 个，有效等位基因数介于 3.00～30.15 之间；观测杂合度介于 0.630～0.954 之间，期望杂合度介于 0.669～0.969 之间；Shannon 多样性指数介于 1.399～3.638 之间，多态信息含量介于 0.609～0.987 之间，均为高度多态性位点（$PIC >$ 0.5）。位点 Bo103 与位点 Bo105 极显著偏离 Hardy-Weinberg 平衡（$P<0.01$）。

6 个群体的遗传多样性如表 3-7 所示。Ws1 群体的平均等位基因数最多（$N_a = 21.62$），F2 群体最少（$N_a = 13.62$）；F4 群体的平均有效等位基因数最多（$N_e = 9.46$），F2 群体最少（$N_e = 7.75$）；F2 群体的平均观测杂合度最高（$H_o = 0.683$），F4 群体最低（$H_o = 0.774$）；Ws1 群体的平均期望杂合度最高（$H_e = 0.849$），Ws4 群体最低（$H_e = 0.816$）；Ws1 群体的多态信息含量最高（$PIC = 0.873$），F6 群体最低（$PIC = 0.786$）。Ws1 群体的 Shannon 多样性指数最高（$I = 2.419$），F2 群体最少（$I = 2.141$）。总体上，6 个群体均具有较高的遗传多样性。

表 3-6 柔鱼 13 个 SSR 位点多态性

位点	等位基因数	有效等位基因数	观测杂合度	期望杂合度	多态信息含量	Shannon 多样性指数
	N_a	N_e	H_o	H_e	PIC	I
Bo101	52	30.15	0.829	0.969	0.975	3.638
Bo102	52	8.87	0.734	0.887	0.968	2.544
Bo103 *	48	18.75	0.821	0.946	0.892	3.030
Bo104	52	8.82	0.825	0.884	0.787	2.604
Bo105 *	44	18.14	0.837	0.944	0.883	2.890
Bo106	52	27.66	0.840	0.966	0.969	3.621
Bo107	52	4.11	0.640	0.747	0.987	1.772
Bo108	52	16.13	0.747	0.939	0.976	3.053
DG04	28	13.27	0.954	0.927	0.920	2.869
DG37	14	3.00	0.630	0.669	0.609	1.399
DG38	13	4.87	0.633	0.797	0.772	1.855
DG40	15	7.10	0.776	0.861	0.845	2.202
DGI8	69	17.62	0.786	0.956	0.952	3.321
均值	38.79	10.70	0.724	0.843	0.885	2.645

注:* 表示极显著偏离 Hardy-Weinberg 平衡 ($P<0.01$)

表 3-7 基于 SSR 标记的柔鱼 6 个群体遗传多样性

群体	指数					
	N_a	N_e	H_o	H_e	PIC	I
Ws1	21.62	9.32	0.732	0.849	0.873	2.419
Ws3	17.08	9.05	0.761	0.845	0.872	2.324
F2	13.62	7.75	0.683	0.826	0.850	2.141
Ws4	20.00	8.93	0.708	0.816	0.803	2.306
F4	19.92	9.46	0.774	0.834	0.864	2.353
F6	18.33	8.88	0.742	0.827	0.786	2.253

（2）群体遗传分化与种群遗传结构。

AMOVA 分析显示群体间遗传变异主要来自于个体间，仅有 0.51% 的遗传差异来自于群体间，遗传分化不显著（表 3-8）。Ws4 群体与 F4、F6 群体间遗传分化系数 F_{st} 为负值，说明群体间无遗传分化。其余群体间遗传分化系数介于 0.0024~0.0173 之间，属轻微分化（$F_{st}<0.05$），且统计检验不显著，进一步表明群体间不存在显著的遗传差异（表 3-9）。基于 Nei's 遗传距离的

UPGMA 聚类树显示，Ws4 群体与 F6 群体聚为一类，其余 4 个群体聚为一类，其中 F2 群体与 F4 群体首先聚在一起（图 3-11），群体间亲缘关系与地理距离未呈现出正相关性。群体间的遗传距离与地理距离亦未呈现出正相关性（R = 0.173，$P>0.05$，图 3-12）。Structure 2.3 软件执行 2~6 的假设 K 值，重复次数为 10，根据 K 值对应参数的趋势分析，推断本研究所有参试个体最佳分组为 1 个理论群（图 3-13）。

表 3-8　柔鱼群体 AMOVA 分析

变异来源	自由度	平方和	变异组分	变异百分数	F_{st}
群体间	5	31.237	0.02222Va	0.51	0.00509（$P>0.05$）
群体内个体间	190	914.398	0.46626Vb	10.67	
个体间	196	760.500	3.88040Vc	88.82	
总计	391	1 706.135	4.36858		

表 3-9　柔鱼群体间 Nei's 遗传距离（D_A，对角线以下）及 F 统计值（F_{st}，对角线以上）

	Ws1	Ws3	F2	Ws4	F4	F6
Ws1		0.004 4	0.017 3	0.012 9	0.006 9	0.010 8
Ws3	0.082 1		0.003 1	0.007 8	0.002 4	0.008 2
F2	0.130 1	0.078 4		0.008 1	0.007 2	0.012 2
Ws4	0.163 5	0.113 4	0.128 4		-0.000 3	-0.000 5
F4	0.084 8	0.076 8	0.069 7	0.115 3		0.003 3
F6	0.214 8	0.153 6	0.197 0	0.067 1	0.176 8	

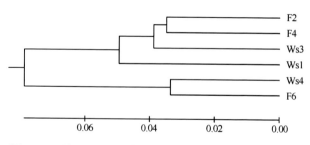

图 3-11　基于 Nei's 遗传距离的柔鱼群体 UPGMA 聚类树

3. 讨论

（1）群体遗传多样性。

平均杂合度是反映群体遗传变异水平的重要指标，6 个群体的平均观察杂

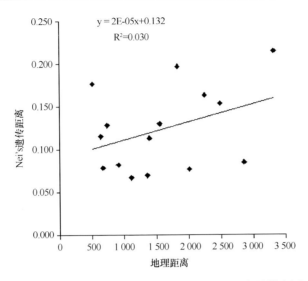

$$y = 2E\text{-}05x + 0.132$$
$$R^2 = 0.030$$

图 3-12　柔鱼群体间 Nei's 遗传距离和地理距离的散点图

合度介于 0.683~0.774 之间，平均期望杂合度介于 0.816~0.849 之间。国外学者利用 SSR 标记研究其他头足类群体遗传变异，从而得到澳大利亚沿海的澳大利亚巨乌贼（*Sepia apama*）的观察杂合度和期望杂合度均为 0.57，该海域存在 3 个显著分化的群体（Shaw，2003）。而同属于柔鱼类的太平洋褶柔鱼和阿根廷滑柔鱼的杂合度与之相近，分别为 H_o：0.200~0.950，H_e：0.644~0.950；H_o：0.59~0.93，H_e：0.62~0.96（Adock et al.，1999；Iwata et al.，2008）。因此，柔鱼各群体显示出较高的杂合性。Katugin（2002）利用 18 个蛋白酶位点检测北太平洋柔鱼东西部 2 个地理群体的遗传变异水平，只有 1 个蛋白酶位点显示出明显的遗传差异及较高的杂合度（$H_o = 0.294$，$H_e = 0.322$）。东西部群体平均观察杂合度分别为：0.060 ± 0.021 与 0.043 ± 0.022，平均期望杂合度分别为 0.056 ± 0.020 与 0.043 ± 0.022，远远低于 SSR 位点检测的杂合度水平。由此可见，SSR 标记应用于物种群体遗传变异水平检测较蛋白质标记有一定的优越性。

（2）种群遗传结构及管理单元的划分。

基于 SSR 标记得到的两两群体间的 F_{st} 值与 AMOVA 分析结果显示，群体间的遗传分化程度较低，未达到显著性水平，遗传差异主要存在于个体间。UPGMA 聚类分析显示，F2 群体与 F4 群体亲缘关系最近，聚为一类，而地理位置相距较远的 Ws4 群体与 F6 群体亲缘关系最近，另聚为一类，且它们属于

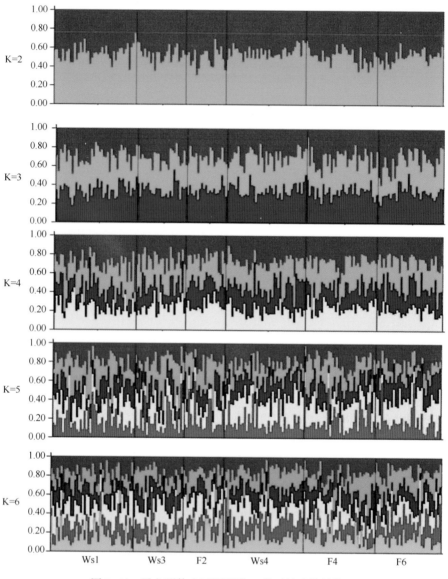

图 3-13　柔鱼群体在不同假设 K 值下的遗传结构图

不同的产卵季节群。群体间的遗传距离与地理距离相关性结果进一步说明了不同地理群体间的亲缘关系远近与地理距离不成正相关性。北太平洋海域缺乏显著的物理障碍，而且柔鱼个体具有较强的游泳能力，在北太平洋环流系统的作用下，群体之间可能存在较强的基因交流（Tanaka，2001）。这与利用 Structure 2.3 软件推断出北太平洋柔鱼存在 1 个理论群一致。

柔鱼资源量丰富，已有研究认为传统作业渔场最大可持续产量为8~10万t（Chen et al.，2008），而原流刺网作业海域柔鱼资源量则超过30万t（Ichii et al.，2006）。但作为短生命周期种类，柔鱼种群资源量的大小很容易受到环境变化的影响而发生波动（O'Dor和Dawe，1998）。2009年8-10月旺汛期间由于水温变动以及黑潮大弯曲的出现使得传统作业渔场柔鱼产量出现大幅度下降，日产量仅为正常年份的一半，使我们不得不考虑对原流刺网作业海域柔鱼资源再次进行探捕调查（陈锋等，2010）。因此，在对北太平洋柔鱼资源进行评估与管理时，为了更加合理地开发、利用与保护该渔业资源，建议将不同的产卵季节—地理群体看作1个管理单元。

第三节　北太平洋柔鱼分子系统地理学研究

一、材料与方法

1. 实验材料

柔鱼采自西北太平洋与北太平洋中部（图3-14），采集时间为2010至2012年，共计11个地理群体。柔鱼捕获后立刻剪取尾鳍肌肉组织保存于95%乙醇中，存放于船舱冷库中并运回至实验室。其中，207个个体用于CO I基因片段序列分析，206个个体用于Cytb基因片段序列分析。利用耳石微结构获得的日龄数据并结合捕捞日期推算孵化时间，划分出冬春生群（简称Ws）和秋生群（简称F）。冬春生群由5个部分组成，命名为Ws1-Ws5，秋生群分为6个部分，命名为F1-F6（表3-10）。其中，冬春生群个体性腺发育程度主要为Ⅰ期，个别为Ⅱ期。秋生群个体性腺发育程度以Ⅲ期为主，个别为Ⅳ期。

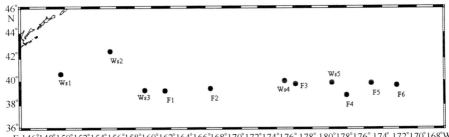

图3-14　柔鱼样本采集地点

表 3-10 柔鱼样本采集信息

简称	采样地点	采样日期	平均胴长/cm	平均体质量/g
Ws1	149°29′E、40°41′N	2010-11-12	32.03 ± 2.12	1 028.88 ± 206.91
Ws2	155°10′E、42°34′N	2010-09-13	26.16 ± 1.68	580.02 ± 119.79
Ws3	159°05′E、39°17′N	2011-07-21	24.15 ± 1.65	417.77 ± 151.44
F1	161°23′E、39°14′N	2011-07-07	41.36 ± 1.23	2 202.95 ± 198.71
F2	166°32′E、39°25′N	2011-06-28	38.71 ± 1.56	1 700.99 ± 223.13
Ws4	174°53′E、40°04′N	2012-07-16	24.77 ± 1.28	406.96 ± 66.08
F3	176°08′E、39°49′N	2012-07-02	38.06 ± 3.51	1 645.45 ± 460.68
Ws5	179°44′W、39°56′N	2012-06-13	24.24 ± 1.78	390.77 ± 91.41
F4	178°02′W、38°52′N	2011-06-05	36.29 ± 1.65	1 400.34 ± 169.66
F5	175°15′W、39°53′N	2012-04-27	35.34 ± 2.24	1 302.78 ± 325.16
F6	172°21′W、39°41′N	2012-06-05	36.13 ± 2.26	1 364.06 ± 275.07

2. 基因组 DNA 的提取

基因组 DNA 提取采用组织/细胞基因组 DNA 快速提取试剂盒（同前）。

3. PCR 扩增

引物均为自行设计，COI基因扩增引物为 COIF：5'-CAACCTGGATCCCT-TCTGAATGATGA-3'，COIR：5'-TTCGGGGTGACCAAAGAACCAAAATA-3'。Cytb 基因扩增引物为 CytbF：5'-TTGAGACTTGAAATATCGGGGTAG-3'，CytbR：5'-GGTTTAATATGTAGAGGGGTCACT-3'。引物由上海杰李生物技术有限公司合成。

PCR 反应总体积均为 25 μL，其中 10×PCR Buffer 2.5 μL、*Taq* DNA poly-merase（5U/μL）0.2 μL、dNTP（各 2.5 mmol/L）2 μL、上下游引物（10 μmol/L）各 0.6 μL、DNA 模板 20 ng、ddH$_2$O 补足体积。PCR 反应程序为：94℃预变性 2 min；94℃变性 30 s，58℃退火 45 s，72℃延伸 45 s，35 个循环；72℃最后延伸 2 min。

4. PCR 产物的纯化与测序

PCR 产物经过 1.2% 琼脂糖凝胶电泳分离，用 Biospin Gel Extraction Kit 纯化后进行双向测序，测序仪为 ABI3730 基因分析仪。

5. 数据分析

（1）序列分析。

测序结果使用 ClustalX 1.83（Thompson et al.，1997）软件进行比对并辅

以人工校对。采用 MEGA 4.0 软件中的 Statistics 统计 DNA 序列的碱基组成，利用 TrN+G 模型计算净遗传距离。单倍型数、单倍型多样性指数（h）、核苷酸多样性指数（π）、平均核苷酸差异数（k）等遗传多样性参数由 DnaSP 4.10（Rozas et al.，2003）软件计算。

（2）种群遗传结构分析。

利用邻接法（Neighbor-Joining，NJ）基于 Kimura 双参数（Kimura 2-parameter）模型构建单倍型分子系统树，系统树中节点的自举置信水平应用 Bootstrap（重复次数为 1 000，分节点分支支持率小于 50%的省略）估计。通过设定两种分子方差（AMOVA）分析来检验柔鱼的种群遗传结构：一是将柔鱼 2 个产卵季节群划分为 2 个组群，验证组群间是否存在显著的遗传差异；二是将 11 个地理群体划分为 1 个组群以验证各群体间是否具有显著的遗传差异。采用遗传分化指数 F_{st} 来评价两两群体间的遗传差异，通过 1 000 次重抽样来检验两两群体间 F_{st} 值的显著性。上述分析均由 Arlequin 3.01 软件计算。对柔鱼群体间遗传距离 $F_{st}(1-F_{st})^{-1}$ 与地理距离作回归分析，利用 Reduced Major Axis（RMA）回归和 Mantle 检验来评估群体间地理距离和遗传距离相关关系的显著性，这些分析采用 IBDWS（isolation by distance web service at http：//phage. sdsu. edu/~jensen/）完成。

（3）群体历史动态分析。

采用 Tajima's D（Tajima，1989）与 Fu's F_s（Fu，1997）中性检验和核苷酸不配对分布（mismatch distribution）检测柔鱼群体的历史动态。群体历史扩张时间用参数 τ 进行估算，参数 τ 通过公式 $\tau = 2ut$ 转化为实际的扩张时间（宋娜，2011），其中 u 是所研究的整个序列长度的突变速率，t 是自群体扩张开始到现在的时间。Cytb 基因的核苷酸分歧速率采用 2.15%~2.6%/百万年（Sandoval-Castellanos et al.，2010）。

二、结果

1. 序列分析

经 PCR 扩增，得到 CO I 基因片段的扩增产物，纯化后经测序和序列比对得到 600 bp 的可比序列。在研究的所有 CO I 基因片段中，A、T、C、G 平均含量分别为 21.7%、36.4%、21.1%、20.8%，A+T 含量（58.1%）明显高于 G+C 含量（41.9%）（表 3-11）。基于该基因片段序列获得的群体遗传多样性显示，所有群体单倍型数、单倍型多样性指数、核苷酸多样性指数和平均核苷酸差异数分别为 29、0.731 ± 0.029、0.005 67 ± 0.003 42、3.404。冬春生群与秋生群的单倍型多样性指数、核苷酸多样性指数和平均核苷酸差异数分别为 0.773 ± 0.10、0.006 14 ± 0.003 36、3.654 与 0.702 ± 0.122、0.005 40 ± 0.003 68、3.242（表 3-12）。在 CO I 基因片段中共检测到 23 个变异位点，其中单碱基变异位点 11 个，简约信息位点 12 个。转换颠换比为 22，无插入/缺失。这些多态位点共定义 29 个单倍型，分别记为 H1-H29（表 3-13）。H2 与 H4 为 11 个群体共有，拥有的频次最高。且具有单倍型 H4 的个体数最多，为 100 个，占总数的 48.31%。具有单倍型 H2 的个体数次之，为 36 个，占总数的 17.39%。单倍型 H6、H9、H11-H13、H20、H25 是冬春生群特有单倍型。单倍型 H14-H16、H18、H21-H24、H27-H29 是秋生群特有单倍型（表 3-14）。

按照 CO I 基因序列分析方法，获得 Cytb 基因片段 481bp 的可比序列。在分析的所有 Cytb 基因片段中，A、T、C、G 平均含量分别为 23.7%、40.2%、15.3%、20.8%，A+T 含量（63.9%）明显高于 G+C 含量（36.1%）（表 3-11）。由表 3-12 可知，所有群体的单倍型数、单倍型多样性指数、核苷酸多样性指数、平均核苷酸差异数分别为 30、0.861 ± 0.016、0.006 64 ± 0.003 42、3.193。冬春生群与秋生群的单倍型多样性指数、核苷酸多样性指数和平均核苷酸差异数分别为 0.868 ± 0.095、0.006 82 ± 0.004 05、3.257 与 0.823 ± 0.056、0.006 31 ± 0.003 75、3.066。在 Cytb 基因片段中共检测到 17 个变异位点，其中单碱基变异位点 3 个，简约信息位点 14 个。这些多态位点共定义了 15 处转换和 2 处颠换，无插入/缺失。206 个个体共检测到 30 个单倍型，分别记为 H1-H30（表 3-15）。单倍型 H1 与 H5 为 11 个群体所共有，拥有的频次最高。具有单倍型 H5 的个体数最多，为 66 个，占总数的 32.04%。具有单倍型 H1 的个体数次之，为 37 个，占总数的 17.96%。单倍型 H2、H6-H7、H9、H11、H13、H20-H23、H25-H26 是冬春生群特有单倍型。单倍型 H15-H19、H27-H30 是秋生群特有单倍型（表 3-16）。

表 3-11　柔鱼 CO I 与 Cytb 基因片段序列组成

基因	片段长度（bp）	基因序列数	碱基含量（%）					
			A	T	G	C	A+T	G+C
CO I	600	207	36.4	21.7	21.1	20.8	58.1	41.9
Cytb	481	206	40.2	23.7	15.3	20.8	63.9	36.1

表 3-12　基于 CO I 与 Cytb 基因片段序列的柔鱼群体遗传多样性

群体	样本数量		单倍型		单倍型多样性指数 (h)		核苷酸多样性指数 (π)		平均核苷酸差异数 (k)	
	CO I	Cytb	CO I	Cytb	CO I	Cytb	CO I	Cytb	CO I	Cytb
Ws1	15	15	7	6	0.867 ± 0.057	0.867 ± 0.048	0.0069 5 ± 0.004 10	0.006 42 ± 0.003 96	4.171	3.086
Ws2	30	34	8	11	0.651 ± 0.086	0.906 ± 0.029	0.006 05 ± 0.003 51	0.007 60 ± 0.004 39	3.628	3.758
Ws3	18	18	6	7	0.745 ± 0.079	0.869 ± 0.049	0.005 93 ± 0.003 53	0.005 95 ± 0.003 67	3.556	2.863
Ws4	19	18	8	8	0.766 ± 0.092	0.817 ± 0.073	0.006 02 ± 0.003 57	0.006 86 ± 0.004 14	3.614	3.301
Ws5	14	15	8	8	0.868 ± 0.076	0.848 ± 0.088	0.006 03 ± 0.003 65	0.007 01 ± 0.004 26	3.615	3.371
小计	96	100	18	21	0.773 ± 0.105	0.868 ± 0.095	0.006 14 ± 0.003 36	0.006 82 ± 0.004 05	3.654	3.257
F1	15	14	6	5	0.705 ± 0.114	0.813 ± 0.065	0.005 08 ± 0.003 14	0.005 51 ± 0.003 51	3.048	2.648
F2	20	20	9	8	0.826 ± 0.073	0.847 ± 0.051	0.006 25 ± 0.003 68	0.006 06 ± 0.003 81	3.753	3.011
F3	20	19	9	8	0.747 ± 0.098	0.731 ± 0.109	0.005 89 ± 0.003 49	0.006 37 ± 0.003 87	3.532	3.064
F4	21	20	10	10	0.776 ± 0.093	0.879 ± 0.065	0.004 65 ± 0.002 86	0.005 94 ± 0.003 65	2.790	2.858
F5	15	17	5	5	0.629 ± 0.125	0.816 ± 0.071	0.006 13 ± 0.003 68	0.007 86 ± 0.004 66	3.676	3.779
F6	20	16	6	9	0.632 ± 0.113	0.908 ± 0.048	0.004 99 ± 0.003 04	0.006 25 ± 0.003 86	2.995	3.008
小计	111	106	22	19	0.702 ± 0.122	0.823 ± 0.056	0.005 40 ± 0.003 68	0.006 31 ± 0.003 79	3.242	3.066
总计	207	206	29	30	0.731 ± 0.029	0.861 ± 0.016	0.005 67 ± 0.003 42	0.006 64 ± 0.003 94	3.404	3.193

表 3-13　柔鱼 CO I 基因单倍型核苷酸序列

单倍型	变异位点																						
	0	0	0	1	1	1	2	2	2	2	3	3	4	4	4	5	5	5	5	5	6	7	8
	4	6	8	4	6	7	6	7	7	7	4	8	0	7	9	1	2	2	3	3	5	6	7
	7	4	2	2	0	5	5	8	1	2	1	9	9	8	1	5	3	9	5	8	4	5	6
H1	T	A	A	G	G	G	T	C	A	A	C	T	A	G	A	A	A	A	A	A	C	A	T
H2	.	.	.	A	.	.	.	.	.	G	.	C	.	.	.	G	.	.	G	.	.	T	G
H3	.	.	.	.	.	.	G	.	.	.	.	.	G	.	.	.	.	.	.	.	.	.	.
H4	.	.	.	.	.	.	G	.	.	.	.	.	.	.	.	.	.	.	.	.	.	.	.
H5	.	.	.	A	.	.	G	.	.	G	.	C	.	.	.	.	.	.	.	.	.	T	G
H6	.	.	.	A	.	.	.	.	.	G	.	C	.	.	.	.	G	G	.	.	.	T	G
H7	.	.	.	.	.	.	G	.	.	.	.	.	.	.	.	.	.	.	G	.	.	.	.
H8	.	.	.	A	.	.	G	.	G	.	.	C	.	.	.	.	.	G	.	.	.	T	G
H9	.	G	.	A	.	.	G	.	G	.	.	C	.	.	.	.	.	G	.	.	.	T	G
H10	.	.	.	.	.	.	G	G	.	.	.	.	.	.	.	.	.	.	.	.	.	.	.
H11	.	.	.	A	.	.	G	.	G	.	.	C	A	.	.	.	.	.	.	.	.	T	G
H12	.	.	.	.	A	.	G	.	.	.	.	.	.	.	.	.	.	.	.	.	.	.	.
H13	.	.	.	.	.	.	G	.	G	.	.	.	.	.	.	.	.	.	.	.	.	.	.
H14	.	.	.	.	.	.	G	.	G	.	.	C	.	.	.	.	.	.	.	.	.	T	G
H15	.	.	.	.	.	.	G	.	.	T	.	.	.	.	.	.	.	.	.	.	.	.	.
H16	.	.	.	.	.	.	G	.	G	.	.	C	.	.	G	.	.	G	.	.	.	T	G
H17	.	.	.	A	.	.	G	.	G	.	.	C	.	.	G	G	.	G	.	.	.	T	G
H18	.	.	.	.	.	.	G	.	.	.	.	.	.	.	.	.	.	G	.	.	.	.	.
H19	.	.	.	A	.	A	G	.	G	.	.	C	.	.	.	.	.	G	.	.	.	T	G
H20	.	.	.	A	.	.	G	.	G	.	.	C	.	.	.	G	.	G	G	.	.	T	G
H21	.	.	.	.	.	A	.	.	.	.	.	.	.	.	.	.	.	.	.	.	.	.	.
H22	.	.	.	A	.	.	G	.	G	.	C	A	.	G	.	.	G	.	.	.	.	T	G
H23	.	.	.	C	G	.	.	.	.	.	.	.	.	.	.	.	.	.	.	.	.	.	.
H24	.	.	.	A	.	A	G	.	G	.	.	C	.	.	.	.	.	G	.	.	.	T	G
H25	C	.	.	.	.	.	G	.	.	.	.	.	.	.	.	.	.	.	.	.	.	.	.
H26	.	.	.	.	.	.	.	G	.	.	.	.	.	.	.	.	.	.	.	.	.	.	.
H27	.	.	.	A	.	.	G	.	.	.	.	.	.	.	.	.	.	.	.	.	.	.	.
H28	.	.	.	.	.	.	G	.	G	.	.	C	.	.	.	.	.	G	.	.	.	T	G
H29	.	.	G	.	.	.	.	G	.	.	.	.	.	.	.	.	.	.	.	.	.	.	C

表 3-14 柔鱼 CO I 基因单倍型在群体中的分布

单倍型	单倍型分布											
	Ws1	Ws2	Ws3	F1	F2	Ws4	F3	Ws5	F4	F5	F6	n
H1	1	1	2	1	1	1	1	2	1		2	13
H2	4	6	5	3	3	2	3	2	2	3	3	36
H3	2					1		1	1			5
H4	4	17	8	8	8	9	10	5	10	9	12	100
H5	2		1		2		1				1	7
H6	1	1										2
H7	1			1	1						1	4
H8		1		1					1	1		3
H9		2				1						3
H10		1			2				2			5
H11		1										1
H12						3		1				5
H13			1									1
H14				1								1
H15				1			1					2
H16					1							1
H17					1			1		1		3
H18					1							1
H19						1					1	2
H20						1						1
H21							1					1
H22							1					1
H23							1		1			2
H24							1					1
H25								1				1
H26								1		1		2
H27									1			1
H28									1			1
H29									1			1

表 3-15　柔鱼 *Cytb* 基因单倍型核苷酸序列

单倍型	变异位点																
	0	0	0	1	1	1	2	2	2	2	3	3	4	4	4	5	5
	4	6	8	4	6	7	6	6	7	7	4	8	0	7	9	1	2
	7	4	2	2	0	9	5	8	1	2	1	9	0	8	1	5	3
H1	C	C	T	C	C	C	C	T	A	C	T	C	C	C	C	T	A
H2	.	.	C	G	.	.	T	.	.	.	.	.	.	.	.	C	G
H3	.	.	.	.	.	.	.	G	T	.	.	.	.	.	.	.	.
H4	.	.	C	G	.	.	.	.	.	.	.	.	.	.	.	C	G
H5	.	.	.	.	.	.	.	G	.	.	.	.	.	.	.	.	.
H6	.	T	C	G	.	.	.	.	.	.	.	.	.	.	.	C	G
H7	.	.	.	.	.	.	.	G	.	.	.	.	.	.	T	.	.
H8	.	.	.	.	.	T	.	.	.	.	C	.	.	.	.	.	.
H9	.	.	.	.	.	.	.	.	.	.	.	.	.	.	T	.	.
H10	.	.	C	G	.	.	.	.	.	.	.	.	.	T	.	C	G
H11	.	.	.	.	.	T	T	.	.	.	.	.	.	.	.	.	.
H12	.	.	.	.	T	.	.	.	G	.	.	.	.	.	.	.	.
H13	.	.	C	G	.	.	.	.	.	.	.	.	.	.	.	.	G
H14	.	.	.	.	.	T	.	.	.	.	.	.	.	.	.	.	.
H15	.	.	.	.	.	.	.	C	G	.	.	.	.	.	.	.	.
H16	.	T	C	G	.	.	.	.	.	.	.	.	T	.	.	C	G
H17	.	.	.	.	.	T	.	.	.	.	.	.	.	T	.	.	.
H18	.	T	.	.	.	.	.	.	.	.	.	.	.	.	.	.	.
H19	.	.	.	.	.	.	.	C	.	.	.	.	.	.	.	.	.
H20	.	.	.	.	.	T	.	.	G	.	.	.	.	.	.	.	.
H21	G	.	C	G	.	.	T	.	.	.	.	.	.	.	.	C	G
H22	G	.	C	G	.	.	.	.	.	.	.	.	.	.	.	C	G
H23	.	.	.	.	.	.	.	G	.	.	.	.	.	.	.	.	.
H24	G	T	C	G	.	.	.	.	.	.	.	.	.	.	.	C	G
H25	.	.	C	.	.	.	.	.	.	.	.	.	.	.	T	.	.
H26	.	T	.	.	.	.	.	.	T	.	.	.	.	.	.	.	.
H27	.	.	.	.	.	.	.	G	.	.	.	.	T	.	.	.	.
H28	.	.	.	.	T	.	.	.	.	.	.	.	.	T	.	.	.
H29	.	.	C	.	.	.	.	.	G	.	.	.	.	.	.	.	.
H30	G	.	C	G	.	.	.	.	.	.	.	.	.	T	.	C	G

表 3-16　柔鱼 Cytb 基因单倍型在群体中的分布

单倍型	单倍型分布											
	Ws1	Ws2	Ws3	F1	F2	Ws4	F3	Ws5	F4	F5	F6	n
H1	3	7	5	3	6	2	2	2	2	2	3	37
H2		3	1									4
H3		1								1		2
H4	4	7	3	3	5		1		2		2	27
H5	3	8	5	5	3	7	10	6	8	7	4	66
H6		1										1
H7		1										1
H8		2	1	2					1	1	1	8
H9		1										1
H10	2	1	1		1		1		1			7
H11		2										2
H12	2					1		1	1			5
H13	1											1
H14			2		2	1	1	1	1		2	10
H15				1	1				1		1	4
H16					1							1
H17					1							1
H18									1			1
H19									2			2
H20						1						1
H21						1						1
H22						4	2	2		6		14
H23						1						1
H24							1	1				2
H25							1					1
H26								1				1
H27							1					1
H28											1	1
H29											1	1
H30											1	1

2. 种群遗传结构

基于 CO I 与 Cytb 基因片段序列得到的单倍型邻接进化树可以看出，冬春生群与秋生群的单倍型广泛分布在邻接进化树上，不存在与产卵群分支相对应的单倍型分支，柔鱼种群内均不存在显著分化的单倍型类群（图 3-15）。AMOVA 分析显示 2 个产卵群间及 11 个地理群体间不存在显著的遗传差异（$F_{st}<0.05$，$P>0.05$），遗传差异主要来自于群体内个体间（表 3-17）。两两群体间的遗传分化系数 F_{st} 分析结果显示，群体间不存在显著的遗传分化（$P>0.05$）（表 3-18）。Mantle 检验的结果表明柔鱼群体间的遗传距离 F_{st} $(1-F_{st})^{-1}$ 和地理距离不存在显著的相关性（CO I：$r=0.43$，$P=0.99$；Cytb：$r=0.44$，$P=0.99$；图 3-16），说明柔鱼群体已处于扩散和遗传漂变间的平衡状态。

表 3-17　基于 CO I 与 Cytb 基因片段序列的柔鱼群体 AMOVA 分析

变异来源	CO I			Cytb		
	变异组分	变异百分数	F_{st}	变异组分	变异百分数	F_{st}
2 个组群						
组群间	0.007 12Va	0.42	0.004 18 (P>0.05)	0.000 42Va	0.03	0.000 38 (P>0.05)
组群内群体间	-0.043 57Vb	-2.56	-0.025 71 (P>0.05)	0.000 19Vb	0.01	0.000 26 (P>0.05)
群体内	1.738 11Vc	102.14		1.596 32Vc	99.96	
总计	1.701 67			1.596 94		
1 个组群						
群体间	-0.039 65Va	-2.33	-0.023 35 (P>0.05)	0.000 43Va	0.03	0.000 27 (P>0.05)
群体内	1.738 11Vb	102.33		1.596 32Vb	99.97	
总计	1.698 46			1.596 75		

表 3-18　基于 CO I 与 Cyt*b* 基因片段序列的柔鱼群体 F_{st} 分析

群体	Ws1	Ws2	Ws3	F1	F2	Ws4	F3	Ws5	F4	F5	F6
Ws1	–	-0.013 18	0.001 63	0.039 30	-0.022 68	0.025 36	0.026 30	0.037 84	0.086 61	0.007 86	0.056 48
Ws2	-0.023 07	–	-0.028 66	-0.008 27	-0.023 69	0.013 59	0.012 51	0.011 28	0.040 65	0.011 43	0.003 64
Ws3	-0.030 04	-0.038 39	–	-0.043 10	-0.038 59	-0.000 47	-0.003 59	-0.010 68	0.004 15	0.010 00	-0.033 40
F1	0.014 39	-0.021 37	-0.044 44	–	-0.004 21	-0.014 57	-0.026 52	-0.031 61	-0.042 32	0.008 08	-0.052 81
F2	-0.023 02	-0.029 60	-0.044 13	-0.036 88	–	0.024 35	0.020 21	0.016 21	0.044 23	0.017 95	0.001 01
Ws4	0.015 86	-0.016 71	-0.037 24	-0.046 30	-0.022 44	–	-0.043 47	-0.038 82	0.008 90	-0.038 43	-0.007 51
F3	0.001 05	-0.027 79	-0.042 21	-0.049 57	-0.033 22	-0.038 74	–	-0.040 47	-0.007 27	-0.021 89	-0.008 88
Ws5	0.036 55	0.000 58	-0.028 98	-0.051 76	-0.021 66	-0.043 99	-0.031 32	–	-0.017 73	-0.024 81	-0.024 65
F4	0.086 95	0.025 64	0.006 51	-0.036 00	0.005 41	-0.020 80	-0.015 14	-0.040 54	–	0.049 51	-0.022 16
F5	-0.032 58	-0.046 58	-0.058 76	-0.049 14	-0.054 34	-0.039 81	-0.048 43	-0.036 05	-0.003 80	–	0.014 33
F6	0.027 02	-0.011 95	-0.035 73	-0.057 50	-0.027 00	-0.040 15	-0.042 54	-0.047 83	-0.030 38	-0.039 99	–

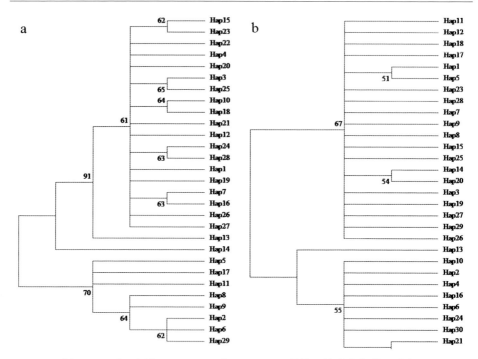

图 3-15　基于柔鱼 CO Ⅰ（a）与 Cyt*b*（b）单倍型构建的邻接进化树

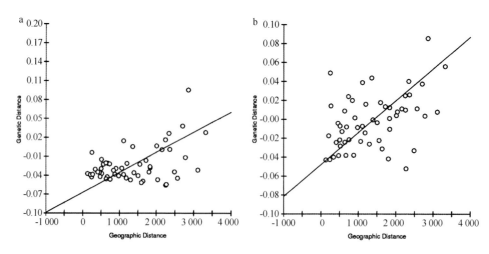

图 3-16　基于 CO Ⅰ（a）与 Cyt*b*（b）基因片段序列的柔鱼两两群体间的

地理距离与遗传距离 $F_{st}(1-F_{st})^{-1}$ 的回归分析

3. 群体历史动态

柔鱼所有 Cytb 基因片段序列的核苷酸不配对分布图呈单峰类型（图 3-17），且观测值没有明显偏离模拟值（Hri＝0.122，P>0.05）。Cytb 基因中性检验 Fs 值和 D 值均为负，并且 Fu's Fs 检验都是极显著的（表 3-19）。以上结果表明，柔鱼可能经历过近期群体扩张事件。

表 3-19　柔鱼 Cytb 基因的中性检验结果

基因	群体	Tajima's D		Fu's Fs	
		D	P	Fs	P
	Ws	−1.014	0.150	−26.264	0.000
Cytb	F	−1.055	0.019	−29.408	0.000
	总计	−1.325	0.086	−26.080	0.000

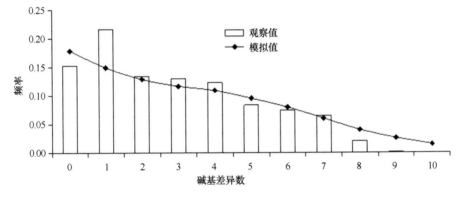

图 3-17　柔鱼 Cytb 单倍型的核苷酸不配对分布图

注：柱状图为观测值，曲线为模拟值

三、讨论

1. 群体遗传多样性

Kurosaka 等（2012）利用 mtDNA 中 ND1-16S rRNA 间基因片段序列分析北太平洋柔鱼群体遗传多样性，得到的单倍型多样性指数、核苷酸多样性指数、平均核苷酸差异数分别为 0.805～0.917、0.002 4～0.003 2、2.678～3.615。单倍型多样性指数与平均核苷酸差异数与本书研究结果无明显差异，而核苷酸多样性指数明显低于本书研究结果。由此印证了 CO I 与 Cytb 基因进

化速率比 $ND1$-16S rRNA 间基因快。我国学者基于 mtDNA 序列分析研究其他头足类遗传多样性，从而得出中国沿海底栖长蛸与短蛸的群体单倍型多样性指数、核苷酸多样性指数、平均核苷酸差异数分别为 0.905、0.0310、19.789 与 0.909、0.0203、13.302（CO I 基因），均显示出较丰富的遗传多样性（常抗美等，2010；吕振明等，2010）。而大洋性茎柔鱼群体显示出较高的单倍型多样性指数和较低的核苷酸多样性指数（$h=0.873$，$\pi=0.00369$，Cytb 基因）（闫杰等，2011）。底栖蛸类与大洋性柔鱼类群体遗传多样性的差异与它们的生活史特征和栖息地海洋环境息息相关。结合其他海洋生物 mtDNA 序列遗传变异分析结果（路心平等，2009；赵峰等，2011），本研究认为北太平洋柔鱼2 个产卵季节群及 11 个地理群体均具有较高的单倍型多样性指数和较低的核苷酸多样性指数。柔鱼为短生命周期种类，性成熟周期短、繁殖季节较长、产卵场较集中，这样的生活史特性可能对群体快速增长和保存新突变、产生高的 h 值有一定的贡献作用（刘红艳等，2011）。而单碱基变异位点过多可能造成了群体较低的 π 值，基于 CO I 基因片段序列共检测到 23 个变异位点，其中单碱基变异位点有 11 个，占总变异位点的 47.83%。

2. 种群遗传结构

实验所取柔鱼样本包括上述 4 个产卵—地理群体中的冬春生西部群体、冬春生中东部群体及秋生中部群体，具有一定的代表性。冬春生群广泛分布于北太平洋，冬春生西部群体和冬春生中东部群体大致在 170°E 附近海域分隔开。秋生群主要分布在 170°E 以东海域，秋生中部群体和秋生东部群体大致以 160°W 附近海域为分界线（Bower 和 Ichii，2005）。通过胴长大小分析、性腺发育程度及耳石日龄的鉴定，在 170°E 以西海域也发现秋生群部分个体，这在其他学者的研究中也得到了证实（李建华等，2011）。Chen 等（2008）认为秋生群部分雌性个体向北洄游生长到一定阶段会穿越 170°E 经线到达西北太平洋，2 个产卵季节群在进行生殖洄游时可能发生基因交流。基于mtDNA 标记研究结果表明，柔鱼种群内虽存在 2 个显著分化的单倍型类群，但它们在地理上的分布频率并不存在明显的差异。先前的等位酶分析结果认为北太平洋柔鱼存在地理隔离，分为东西 2 个地理种群，等位酶大多数多态性等位位点检测到的等位基因频率差异较低，但显著。其中 1 个等位位点揭示东西 2 个地理种群具有较高的遗传异质性，这与 mtDNA 标记得出的结论并不一致（Katugin，2002）。蛋白酶标记被认为是早期群体遗传变异性检测的重要遗传标记，对于较高等级的分类单元特别有效。但是蛋白酶属于基因表达的产物，所检测到的遗传差异水平很容易受到周围环境的影响。

3. 柔鱼的生活史特征及栖息地海洋环境条件

北太平洋柔鱼冬春生群和秋生群都经历南北方向的生殖、索饵洄游（图3-18），生殖洄游过程中最适产卵海域与海表温密切相关（Ichii et al.，2009）。秋生群的产卵场位于副热带峰区，冬春生群的产卵场位于副热带海域，副热带峰区的初级生产力高于副热带海域，因此，秋生群在其生命周期的前半部分生长速度快于冬春生群。此外，秋生群具有性别分离洄游特征，即雄性个体一直生活在副热带峰区，而雌性个体继续向北进行索饵洄游。这也解释了为什么在35°N以北海域进行大量的调查却没有发现秋生群雄性个体的原因。本书采集的秋生群样本几乎全为雌性个体，因此，在检测柔鱼群体间基因流时，雄性个体迁移所带来的影响易被忽略。在以后的研究中要尽可能采集到柔鱼产卵场的样本。海洋生物通常在非常广阔的分布范围内表现出很低的遗传分化（Grant和Bowen，1998），北太平洋环流系统以及黑潮与亲潮此消彼长的交汇有助于柔鱼卵、幼体的扩散（Hu et al.，2000）（图3-19）。秋季最适产卵海表温与黑潮延伸流所在海域的温度相一致，柔鱼的卵大概漂流5天即到达温跃层。Ichii等（2009）假设柔鱼秋生群的双幼虫和幼体在西北太平洋向北索饵洄游时遇到黑潮的延伸流，将它们带到北太平洋中部。这很好地解释了秋生群很少分布于西北太平洋的原因。而冬春生群到达这一海域时，幼体具有一定的游泳能力，可以穿过黑潮延伸流继续向北进行索饵洄游。柔鱼具有较强的游泳能力，胴长大于37cm的个体水平游泳速度为16.8~49.0cm/s。个体越大，游泳速度越大（Tanaka，2001）。

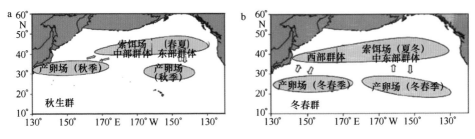

图3-18 北太平洋柔鱼秋生群（a）与冬春生群（b）洄游模式（Yatsu，1998）

4. 群体历史动态

基于Cytb基因片段序列的中性检验和核苷酸不配对分布结果表明北太平洋柔鱼有可能经历过近期扩张事件。基于单倍型核苷酸不配对分布的 τ 值为

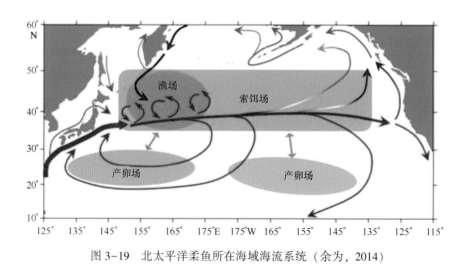

图 3-19　北太平洋柔鱼所在海域海流系统（余为，2014）

5.857，计算得到柔鱼发生群体扩张事件的时间在 23.4～28.3 万年前。更新世冰期—间冰期气候变化对许多海洋生物的空间分布及资源量变动产生重要影响。全球超过 75% 的边缘海分布在亚洲大陆和太平洋之间，其中，中国南海、白令海、小笠原海、马里亚纳海均有柔鱼分布（陈新军等，2005；宋娜，2011）。在第四纪冰期，由于海平面的下降，柔鱼在西北太平洋的栖息地急剧缩减，可能被分隔在冰期避难所内。在间冰期，海平面上升，柔鱼发生群体扩张。在自身生活史特征及海流的作用下，各群体进行基因交流，单倍型在地理上的分布频率不存在明显的差异，从而形成现在的系统地理格局。以 170°E 经线为界，将文中柔鱼 Ws1、Ws2、Ws3 群体划为西部群体，F3、F4、F5、F6 群体划为东部群体。遗传多样性分析结果显示，西部群体的单倍型多样性指数、核苷酸多样性指数及平均核苷酸差异数均高于东部群体，符合柔鱼群体向东扩散这一推论。

第四章 阿根廷滑柔鱼分子系统地理学

第一节 地理分布与群体组成

一、地理分布

阿根廷滑柔鱼英文名为 Argentine shortfin squid，外形见图 4-1。大洋性浅海种，分布在 22°—54°S 的西南大西洋大陆架和陆坡（图 4-2），其中以 35°—52°S 资源尤为丰富，它是目前世界头足类中最为重要的资源之一（陈新军等，2009）。

二、群体组成

阿根廷滑柔鱼种群结构颇为复杂。依据产卵时间、成长率及仔鱿鱼的时空分布，可分为春、夏、秋、冬季 4 个产卵群。产卵期贯穿全年，而在冬季（5-8 月）为最高峰。依据体型大小、成熟时的胴长及产卵场的时空分布，又可分为 4 个群系：南部巴塔哥尼亚种群（South Patagonic stock，SPS），布宜诺斯艾利斯—巴塔哥尼亚北部种群（Bonaerensis-Northpatagonic Stock，BNS），夏季产卵群（Summer - Spawning Stock，SSS），及春季产卵群（Spring - Spawning Stock，SpSS）（陈新军等，2009）。①南部巴塔哥尼亚种群（SPS），为秋季产卵群，其产卵场推测可能在 44°S 以北的斜坡区，产卵前的 2-5 月份主要聚集在 43°—50°S 的大陆架外缘区，此期间亦为渔业的主要渔期，成熟个体的胴长范围为 250~390 mm。②布宜诺斯艾利斯—巴塔哥尼亚北部种群（BNS），为冬季产卵群，产卵场推测可能在 38°S 以北的斜坡区，产卵前的 5-6 月份主要聚集在 37°—43°S 的大陆架外缘以及斜坡区，成熟个体的胴长范围为 250~390 mm。③SSS 种群，为夏季产卵群，其产卵场在大陆架的中间区，约在 42°—48°S 间海域，该种群并无大范围的洄游行为，因此都生活在大陆

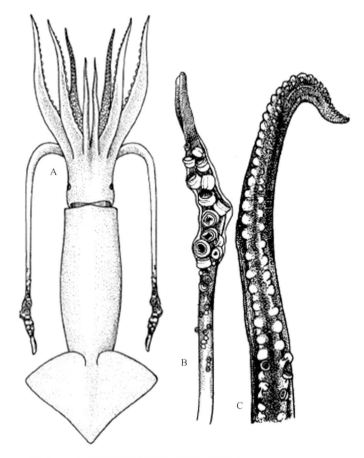

图 4-1　阿根廷滑柔鱼形态特征示意图（Roper et al, 1984）

A：背视；B：触腕穗；C：茎化腕

架区域，产卵前的聚集发生于 1-3 月份，成熟个体的胴长范围为 140～250 mm，属较小型。④SpSS 种群（也称为南巴西群体），为春季产卵群，其产卵场在 27°—34°S 的斜坡区，产卵前的 11-12 月份聚集在 38°—40°S 的偏北大陆架区，其成熟个体的胴长范围为 230～350 mm。Brunetti 和 Elean（1998）通过 1996 年夏对阿根廷大陆架阿根廷滑柔鱼资源的调查，分析了阿根廷滑柔鱼的分布、资源丰度和种群结构。根据其分布区域、胴长大小、性成熟度、年龄和产卵时间，认为该区域存在 3 个群体，分别分布在 41°S 以北、40°30′—46°30′S 和 45°S 以南海域。

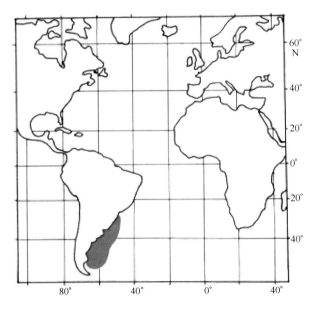

图 4-2　阿根廷滑柔鱼地理分布示意图

第二节　种群遗传结构

有关阿根廷滑柔鱼群体遗传学研究主要基于不同的遗传标记，Carvalho 等（1992）采用同位酶标记检测到福克兰群岛及其周围海域（42°06′—51°17S′）阿根廷滑柔鱼较低的遗传变异水平。但是分布在样本采集边界海域（42°06′S、58°09′W）的个体遗传变异水平较高，它们可能为阿根廷滑柔鱼亚种群或者是滑柔鱼属其他种类。Adcock 等（1999）从阿根廷滑柔鱼中分离出多态性 SSR 标记，并应用于阿根廷专属经济区以及福克兰群岛临时保护与管理区以内的群体遗传多样性分析，结果显示，阿根廷滑柔鱼在时空分布上不存在显著的遗传差异。闫杰等（2013）利用 SSR 标记对西南大西洋阿根廷滑柔鱼进行群体多样性分析，均未检测到群体间显著的遗传分化。以上研究采集的样本是否为同一产卵群作者并未交代。我国（大陆地区）自 1997 年开始对西南大西洋阿根廷滑柔鱼资源进行商业性开发与利用，主要在阿根廷专属经济区以外海域生产作业，其种群结构以秋生群和冬生群为主，二者在分子水平上是否存在显著的遗传差异仍需进一步的研究。本书根据 2011 年 12 月–2012 年 4 月我国鱿钓船在该海域采集的阿根廷滑柔鱼样本，利用耳石微结构获得的日龄数据并结合捕捞日期推算孵化时间，划分出秋生群和冬生群。采用 SSR 标记研究 2 个产卵群遗传变异水平，并通过在同一海域连续取样研究冬生群在时间上的遗传差异，以期更好地开发利用该渔业资源。

一、材料与方法

1. 实验材料

阿根廷滑柔鱼采自阿根廷专属经济区以外海域（45°17′—47°20′S、60°16′—60°49′W，图 4-3），存放于船舱冷库中并运回至实验室。划分出冬生群（简称 W）和秋生群（简称 F），冬生群由 2 个部分组成，命名为 W1，W2（表 4-1）。取套膜肌肉组织，置于 95% 乙醇中，−20℃ 保存备用。

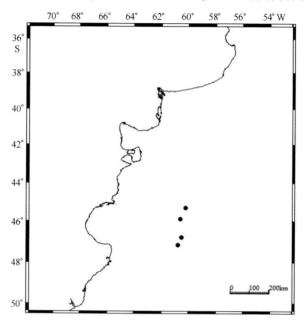

图 4-3　阿根廷滑柔鱼样本采集地点

表 4-1　阿根廷滑柔鱼样本采集信息

产卵群	简称	采样时间	平均胴长/cm	平均体质量/g	样本数
冬生群	W1	2011 年 12 月下旬	16.22 ± 1.03	76.73 ± 13.26	24
	W2	2012 年 4 月上旬	20.73 ± 1.36	191.22 ± 32.54	30
秋生群	F	2012 年 4 月上旬	30.81 ± 1.42	660.32 ± 106.52	28

2. 基因组 DNA 的提取

基因组 DNA 提取采用组织/细胞基因组 DNA 快速提取试剂盒（同前）。

3. 微卫星 PCR 扩增

SSR 引物引自 Adock 等（1999），引物特征见表 4-2。PCR 反应总体积均为 25 μL，其中 10×PCR Buffer 2.5 μL、Taq DNA polymerase（5U/μL）0.2 μL、dNTP（各 2.5 mmol/L）2 μL、上下游引物（10 μmol/L）各 0.6 μL、DNA 模板 20 ng、ddH$_2$O 补足体积。PCR 反应程序为：94℃预变性 2 min；94℃变性 30 s，退火 30 s，72℃延伸 45 s，35 个循环；72℃最后延伸 2 min。

表 4-2 阿根廷滑柔鱼 7 对 SSR 引物特征

位点	核心重复序列	引物序列（5′-3′）	产物大小（bp）	T$_m$（℃）	GenBank 登录号
Ia112	G（TG）$_{13…}$（AG）$_9$	F：GGCCTAGGAAATTACTCAAATG R：ATAACAACTGTAAATGCATGG	129~193	51.0	AF072510
Ia121a	（TAA）$_{15}$	F：ATTATTCGAAAGTCCGTGTATG R：GACTTAGGCATTCTAATTGTCAC	123~218	51.0	AF072511
Ia121b	（TAA）$_{22}$	F：GATTGGCAATGAATAAAAACAG R：TCCGAGTAGTTGTCGATTAATAC	104~251	47.5	AF072511
Ia207	（GAA）$_{11}$	F：AAGAATGATGGAAAAATTGAG R：GCTTTTCTGCAAATTCAACTG	142~275	53.5	AF072514
Ia408	（GT）$_{14}$	F：GATTCCAATGAACACTCTTTTGC R：GACCTGGTGGCTTTATTATTTGC	92~158	53.5	AF072515
Ia422	（CT）$_{11}$	F：ACTGCAGCAATCAAAAACGATAC R：ACTCGCACGTGAATCAGTTAAC	117~249	53.5	AF072517
Ia423	（AG）$_{22}$	F：AATATGCTCAAATGAAGAATCG R：ACGGAGAGACACGTGTAATAAG	104~198	55.0	AF072518

4. PCR 产物的纯化及其分子量数据的读取

带有荧光标记的 PCR 产物经过 1.2%琼脂糖凝胶电泳分离，用 Biospin Gel Extraction Kit 纯化。PCR 纯化产物稀释后与分子量内标（ROX-500）混合，通过 ABI3730XL 全自动 DNA 测序仪进行毛细血管电泳，利用 Genemapper Version 3.5 软件读取微卫星扩增产物的分子量数据（图 4-4）。

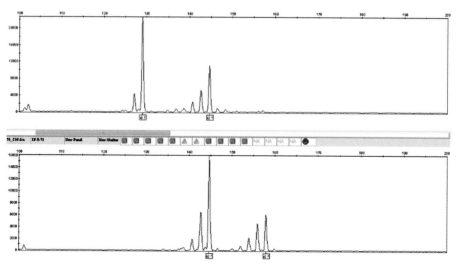

图 4-4　阿根廷滑柔鱼位点 Ia112 的分型图

5. 数据统计与分析

根据分子量数据确定个体各位点基因型,利用 Popgen 3.2 进行群体遗传学分析,计算等位基因数 (N_a),有效等位基因数 (N_e),观测杂合度 (H_o),期望杂合度 (H_e) 与 Shannon 多样性指数 (Shannon's information index,I)。多态信息含量 (PIC) 由 Cervus 3.0 软件计算,并采用马尔科夫链 (Markov Chain) 方法进行 Hardy-Weinberg 平衡检验。利用 Arlequin 3.01 计算群体遗传分化的 F-统计量 (F-statistics,F_{st}) 及 AMOVA 分析。利用 Popgen 3.2 计算群体间的 Nei's 遗传距离,并基于该遗传距离用 MEGA 4.0 构建 UPGMA 系统发生树。

二、结果

1. SSR 位点多态性与群体遗传多样性

7 个 SSR 位点在 3 个群体中的扩增结果如表 4-3 所示。等位基因数为 10 ~30 个,有效等位基因数介于 2.52 ~ 15.23 之间;观测杂合度介于 0.538 ~ 1.000 之间,期望杂合度介于 0.628 ~ 0.945 之间;Shannon 多样性指数介于 1.499 ~ 3.000 之间,多态信息含量介于 0.590 ~ 0.931 之间,均为高度多态性位点 ($PIC > 0.5$)。位点 Ia423 显著偏离 Hardy-Weinberg 平衡 ($P < 0.05$)。

表 4-3　阿根廷滑柔鱼 7 个 SSR 位点的多态性

位点	等位基因数 N_a	有效等位基因数 N_e	观测杂合度 H_o	期望杂合度 H_e	多态信息含量 PIC	Shannon 多样性指数 I
Ia112	25	12.16	0.913	0.928	0.913	2.808
Ia121a	30	14.84	0.889	0.941	0.929	3.000
Ia121b	27	8.48	0.977	0.892	0.877	2.745
Ia207	21	11.13	0.881	0.921	0.904	2.656
Ia408	26	15.23	0.911	0.945	0.931	2.951
Ia422	23	8.62	1.000	0.894	0.874	2.511
Ia423 *	10	2.52	0.538	0.628	0.590	1.499
均值	23.14	10.43	0.873	0.879	0.859	2.596

注：* 表示显著偏离 Hardy-Weinberg 平衡（$P<0.05$）

　　3 个群体的遗传多样性如表 4-4 所示。W2 群体的平均等位基因数最多（$N_a=13.86$），W1 群体最少（$N_a=12.71$）；W1 群体的平均有效等位基因数最多（$N_e=8.631$），F 群体最少（$N_e=7.430$）；W2 群体的平均观测杂合度最高（$H_o=0.904$），W1 群体最低（$H_o=0.796$）；F 群体的平均期望杂合度最高（$H_e=0.883$），W1 群体的最低（$H_e=0.790$）；W2 群体的多态信息含量及 Shannon 多样性指数均最高（$PIC=0.820$，$I=2.252$），W1 群体均最低（$PIC=0.753$，$I=2.103$）。总体上，3 个群体均具有较高的遗传多样性。

表 4-4　基于 SSR 标记的阿根廷滑柔鱼 3 个群体遗传多样性

产卵群	指数					
	N_a	N_e	H_o	H_e	PIC	I
W1	12.71	8.63	0.796	0.790	0.753	2.103
W2	13.86	8.55	0.904	0.864	0.820	2.252
F	13.14	7.43	0.847	0.883	0.805	2.241

2. 群体间遗传分化

　　AMOVA 分析显示群体间不存在显著的遗传差异，遗传变异主要来自于群体内（表 4-5）。群体间遗传分化系数 F_{st} 值均低于 0.001，且统计检验不显著，进一步表明 2 个产卵群间以及冬生群在时间上不存在显著的遗传分化（$P>0.05$）。基于 Nei's 遗传距离的 UPGMA 聚类树显示冬生群 2 个群体聚为一类，而后与秋生群进行聚类（图 4-5）。

表 4-5　阿根廷滑柔鱼群体 AMOVA 分析

变异来源	自由度	平方和	变异组分	变异百分数	F_{st}
群体间	2	8.178	0.025 62	0.83	0.008 31 （$P>0.05$）
群体内	79	250.225	3.056 93	99.17	
总计	81	258.403	3.082 55		

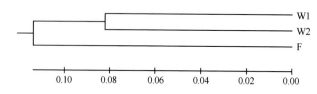

图 4-5　基于 Nei's 遗传距离的阿根廷滑柔鱼群体 UPGMA 聚类树

三、讨论

　　本书采用的 7 个微卫星位点多态信息含量均较高（$PIC>0.5$），为高度多态位点。各位点观测杂合度 H_o 介于 0.538~1.000 之间，其中位点 Ia423 最低，且显著偏离 Hardy-Weinberg 平衡（表 4-3）。从基因分型图谱可以看出，该位点等位基因在所有样本中呈不连续分布，从而使得该位点等位基因数、有效等位基因数较少，建议在以后的群体遗传变异微卫星分析中不采用该位点。基因分型技术较之聚丙烯酰胺凝胶电泳分辨率较高，在进行等位基因频率等数据统计分析时显得更加直观、精确，已经应用到其他水产动物群体遗传变异分析中（傅建军等，2013）。Adcock 等（1999）利用这些微卫星位点研究福克兰群岛临时保护区阿根廷滑柔鱼群体遗传多样性时，聚丙烯酰胺凝胶电泳检测到较高的遗传变异水平（$N_a=15.8$，$N_e=8.7$，$H_o=0.76$），但低于本书的研究结果。

　　刘连为等（2013）采用线粒体细胞色素氧化酶 I（CO I）和细胞色素 b（Cytb）基因 2 个分子标记对阿根廷滑柔鱼冬生群体与秋生群体的遗传变异进行了研究，2 个产卵群体的核苷酸多样性指数均较低（$\pi<0.005$），低于微卫星 DNA 标记检测的结果。由此可见，微卫星标记应用于物种群体遗传变异水平研究较其他分子遗传标记有一定的优越性。利用基因分型技术得出的群体

遗传分化结果显示冬生与秋生 2 个群体间以及冬生群体在时间上不存在显著的遗传差异，这与采用线粒体 DNA 标记分析的结果相一致。分析原因可能为阿根廷滑柔鱼具有长距离洄游生活史，在生殖洄游阶段，冬生群体与秋生群体发生混合并可能进行基因交流（Arkhipkin，1993）。陆化杰（2012）通过利用耳石微量元素推测阿根廷滑柔鱼生活史，认为在 28°—38°S 海域存在冬生群体和秋生群体的孵化场，阿根廷滑柔鱼仔稚鱼在巴西海流的输送下不断向南洄游，待性成熟后开始向北洄游到产卵场。实验所取的秋生群体样本全为雌性个体，性腺发育期为Ⅲ、Ⅳ期和Ⅳ期的个体居多。同时期所取的冬生群体（W2）样本有部分个体达到初次性成熟，它们有可能和秋生群体一起向北洄游参与繁殖活动。

阿根廷滑柔鱼为短生命周期种类，且终生只产一次卵，产完卵后即死亡（Rodhouse et al.，1998）。若环境发生剧烈变化，其种群数量易发生波动，从而导致该渔业资源产量不稳定（Boyle 和 Rodhouse，2005）。西南大西洋公海海域是阿根廷滑柔鱼的传统作业渔场，为我国远洋鱿鱼钓重要的渔场之一，近年由于产量较低，我国鱿钓船在阿根廷专属经济区内捕捞的比重有着较大幅度提升（方舟等，2012）。Crespi-Abril 和 Barón（2012）根据产卵场与肥育场海表温度和叶绿素 a 浓度，认为阿根廷滑柔鱼在 41°S 以南巴塔哥尼亚大陆架外缘/大陆坡海域进行产卵前聚集，只需消耗较少的能量即可达到相对有利的沿岸产卵区域，而不是巴西海流和福克兰海流交汇区，这从侧面解释了公海海域阿根廷滑柔鱼产量降低的原因。因此，在综合考虑海洋环境因素及阿根廷滑柔鱼自身的生活史特征前提下，研究西南大西洋公海海域阿根廷滑柔鱼群体遗传多样性，有助于制定科学的渔业管理政策，为合理开发该渔业资源提供指导。本次研究所获得的样本集中于我国对阿根廷滑柔鱼进行商业开发的海域，采样范围小。在今后的研究中有必要采集更加广泛的样本，包括产卵场的群体以及其他产卵群体。

第三节　阿根廷滑柔鱼分子系统地理学研究

一、材料与方法

1. 实验材料与基因组 DNA 的提取

实验材料及基因组 DNA 提取同本章第二节，其中 W1、W2、F 群体样本数分别为 28、21、31。

2. PCR 扩增

引物均为自行设计，CO Ⅰ 基因扩增引物为 CO Ⅰ F：5'-ACTGAATTAGGG/TCAACCC/TGGATC-3'，CO Ⅰ R：5'-ATAAAATT-GGGTCTCCTCCTCCACTA-3'。Cytb 基因扩增引物为 CytbF：5'-CGTGG-GATTTATTATGGTTCTTA-3'，CytbR：5'-GAATCACCCAAAACATTAGGAA-3'。引物由上海杰李生物技术有限公司合成。PCR 反应总体积均为 25 μL，其中 10×PCR Buffer 2.5 μL、*Taq* DNA polymerase（5U/μL）0.2 μL、dNTP（各 2.5 mmol/L）2 μL、上下游引物（10 μmol/L）各 0.6 μL、DNA 模板 20 ng、ddH$_2$O 补足体积。PCR 反应程序为：94℃预变性 2 min；94℃变性 30 s，56℃退火 45 s，72℃延伸 45 s，35 个循环；72℃最后延伸 2 min。

3. PCR 产物的纯化与测序

PCR 产物经过 1.2%琼脂糖凝胶电泳分离，用 Biospin Gel Extraction Kit 纯化后进行双向测序，测序仪为 ABI3730 基因分析仪。

4. 数据分析

（1）序列分析。

测序结果使用 ClustalX 1.83 软件进行比对并辅以人工校对。采用 MEGA 4.0 软件中的 Statistics 统计 DNA 序列的碱基组成，利用 TrN+G 模型计算净遗传距离。单倍型数、单倍型多样性指数（h）、核苷酸多样性指数（π）、平均核苷酸差异数（k）等遗传多样性参数由 DnaSP 4.10 软件计算。

（2）种群遗传结构分析。

利用邻接法（Neighbor-Joining，NJ）基于 Kimura 双参数（Kimura 2-parameter）模型构建单倍型分子系统树，系统树中节点的自举置信水平应用 Bootstrap（重复次数为 1000，分节点分支支持率小于 50%的省略）估计。通过构建最小跨度树来反映不同单倍型间的连接关系，单倍型间的关系和核苷酸差异数由 Arlequin 3.01 软件计算。AMOVA 分析方法估算遗传变异在群体内和群体间的分布，并计算群体间遗传分化系数 F_{st} 及其显著性（重复次数为 1000），群体间基因流 N_m 由公式 $N_m=（1-F_{st}）/2F_{st}$ 计算而得。

（3）群体历史动态分析。

采用 Tajima's D 与 Fu's Fs 中性检验和核苷酸不配对分布（mismatch distribution）检测柔鱼群体的历史动态。群体历史扩张时间用参数 τ 进行估算，参

数 τ 通过公式 $\tau=2ut$ 转化为实际的扩张时间（宋娜，2011），其中 u 是所研究的整个序列长度的突变速率，t 是自群体扩张开始到现在的时间。Cytb 基因的核苷酸分歧速率采用 2.15%~2.6%/百万年。

二、结果

1. 序列分析

所测定的序列经过 ClustalX 1.83 软件分析和 BLAST 同源序列比对，获得 CO I 基因片段 554 bp 的可比序列。在所有分析的序列中，A、T、G、C 平均含量分别为 29.05%、38.07%、15.38%、17.50%，A+T 含量（67.12%）明显高于 G+C 含量（32.88%）（表4-6）。在 CO I 基因片段中共检测到 11 个变异位点，其中单碱基变异位点 5 个，简约信息位点 6 个。这些变异位点定义 11 个单倍型，其中单倍型 H1、H2 与 H6 为所有群体共享单倍型。具有单倍型 H1 的个体数最多，为 54 个，占总数的 67.50%（表4-7）。单倍型序列分歧值较低，与单倍型 H1 相比，其余 10 个单倍型中有 5 个与它只有 1 个核苷酸的差异。

获得 Cytb 基因片段 461 bp 的可比序列，在所有分析的序列中，A、T、G、C 平均含量分别为 24.72%、47.58%、18.88%、8.22%，A+T 含量（72.30%）明显高于 G+C 含量（27.70%）（表4-6）。在 Cytb 基因片段中共检测到 7 个变异位点，其中单碱基变异位点 5 个，简约信息位点 2 个。这些变异位点定义 7 个单倍型，其中单倍型 H1、H2 与 H5 为所有群体共享单倍型。具有单倍型 H1 的个体数最多，为 53 个，占总数的 66.25%（表4-8）。

表4-6　阿根廷滑柔鱼 CO I 与 Cytb 基因片段序列组成

基因	片段长度（bp）	基因序列数	碱基含量（%）				
			A	T	G	C	A+T
CO I	554	61	29.03	38.09	15.37	17.51	67.12
Cytb	461	80	24.72	47.58	18.88	8.22	72.30

表 4-7　阿根廷滑柔鱼 CO I 单倍型及其在群体中的分布

单倍型	变异位点											单倍型分布情况			
	1 1 2	1 5 7	2 0 5	2 2 9	2 4 4	2 7 4	3 1 0	3 2 8	3 8 2	4 4 9	4 5 4	W1	W2	F	n
H1	A	C	T	C	G	T	A	C	G	C	A	17	16	21	54
H2	G	.	.	.	.	.	.	.	.	.	.	2	1	4	7
H3	G	T	C	.	.	.	.	.	A	.	.	.	1	.	1
H4	.	.	.	.	.	G	.	.	.	.	.	2	1	.	3
H5	.	.	.	.	.	.	.	.	.	T	.	.	1	.	1
H6	.	.	.	.	.	G	T	.	.	.	.	2	1	1	4
H7	G	T	C	.	.	C	.	.	A	.	.	2	.	1	3
H8	.	.	.	A	.	.	.	.	.	.	.	1	.	.	1
H9	.	.	.	.	.	.	.	.	.	G	.	1	.	.	1
H10	G	.	C	.	.	.	.	.	A	.	.	1	.	3	4
H11	.	.	.	.	A	.	G	T	.	.	.	.	.	1	1

表 4-8　阿根廷滑柔鱼 Cytb 单倍型及其在群体中的分布

单倍型	变异位点							单倍型分布情况			
	0 8 2	0 8 5	1 4 8	2 3 1	3 0 0	3 1 2	3 3 9	W1	W2	F	n
H1	G	T	C	C	T	A	T	18	14	21	53
H2	.	.	T	T	.	.	.	3	4	7	14
H3	.	.	.	.	.	.	C	.	1	.	1
H4	A	C	.	.	.	.	.	2	1	.	3
H5	.	.	T	.	.	C	G	4	1	2	7
H6	.	.	T	.	.	G	.	.	.	1	1
H7	.	.	T	.	.	.	.	1	.	.	1

2. 群体遗传多样性

基于 CO I 基因片段所有序列得到的 2 个产卵群总的单倍型多样性指数、

核苷酸多样性指数及平均核苷酸差异数分别为 0.535 ± 0.066、0.002 24 ±
0.001 59、1.243。基于 Cytb 基因片段所有序列得到的 2 个产卵群总的单倍型
多样性指数、核苷酸多样性指数及平均核苷酸差异数分别为 0.528 ± 0.058、
0.002 65 ± 0.001 89、1.222（表 4-9）。基于 2 个基因片段序列得到的 W1 群
体单倍型多样性指数、核苷酸多样性指数及平均核苷酸差异数均高于 W2 群
体。比较分析其他头足类 mtDNA 基因片段序列遗传变异结果，分析认为阿根
廷滑柔鱼 2 个产卵群具有较高的单倍型多样性水平和较低的核苷酸多样性
水平。

表 4-9　基于 CO I 与 Cytb 基因片段序列的阿根廷滑柔鱼群体遗传多样性

基因	产卵群体	单倍型数	单倍型多样性指数（h）	核苷酸多样性指数（π）	平均核苷酸差异数（k）
CO I	W1	8	0.630 ± 0.102	0.002 73 ± 0.001 72	1.511
	W2	6	0.429 ± 0.134	0.001 51 ± 0.001 25	0.838
	小计	10	0.543 ± 0.085	0.002 19 ± 0.001 58	1.213
	F	6	0.529 ± 0.100	0.002 35 ± 0.001 68	1.303
	合计	11	0.535 ± 0.066	0.002 24 ± 0.001 59	1.243
Cytb	W1	5	0.569 ± 0.099	0.003 16 ± 0.002 20	1.455
	W2	5	0.538 ± 0.114	0.002 56 ± 0.001 91	1.181
	小计	6	0.549 ± 0.076	0.002 88 ± 0.002 03	1.330
	F	4	0.501 ± 0.088	0.002 30 ± 0.001 74	1.062
	合计	7	0.528 ± 0.058	0.002 65 ± 0.001 89	1.222

3. 群体遗传分化

由 CO I 与 Cytb 单倍型邻接进化树可以看出，冬生群与秋生群的单倍型广
泛分布在邻接进化树上，不存在与产卵群分支相对应的单倍型分支（图 4-
6）。单倍型最小跨度树显示阿根廷滑柔鱼种内不存在显著分化的单倍型类群，
最小跨度树呈星状结构，提示阿根廷滑柔鱼可能经历过群体扩张事件（图 4-
7）。AMOVA 分析显示群体间均不存在显著的遗传差异，遗传变异主要来自于
群体内（表 4-10）。两两群体间的遗传分化系数 F_{st} 分析结果显示，2 个产卵
群间以及冬生群在时间上不存在显著的遗传分化（$P > 0.05$）。基因流均大于
1，说明群体间基因交流频繁。

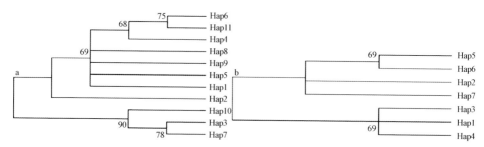

图 4-6　基于阿根廷滑柔鱼 CO I（a）与 Cytb（b）单倍型构建的邻接进化树

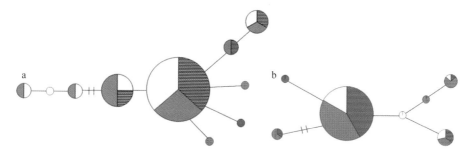

图 4-7　阿根廷滑柔鱼 CO I（a）与 Cytb（b）单倍型的最小跨度树
圆圈面积与单倍型频率成正比，短划线代表单倍型间的核苷酸替换数目，
群体：■ W1；▨ W2；□ F

表 4-10　基于 CO I 与 Cytb 基因片段序列的阿根廷滑柔鱼群体 AMOVA 分析

变异来源	CO I			Cytb		
	变异组分	变异百分数	F_{st}	变异组分	变异百分数	F_{st}
群体间	0.00426Va	0.69		0.00629Va	1.03	
群体内	0.62372Vb	99.33	0.00687 ($P>0.05$)	0.61543Vb	98.97	0.01032 ($P>0.05$)
总计	0.62798			0.62172		

4. 群体历史动态

基于 Cytb 基因片段序列的 Tajima's D 和 Fu's Fs 中性检验 D 值和 Fs 值均为负，且 Fu's Fs 统计检验均显著（表 4-11）。核苷酸不配对分布分析结果表明，阿根廷滑柔鱼 Cytb 单倍型核苷酸不配对分布呈单峰类型（图 4-8），且观测值没有明显偏离模拟值（Hri=0.302，$P=0.273$）。以上结果表明，阿根廷滑柔鱼可能经历过近期群体扩张事件。

表 4-11　阿根廷滑柔鱼 CO I 与 *Cytb* 基因的中性检验结果

基因	产卵群	Tajima's *D*		Fu's *F*s	
		D	*P*	*F*s	*P*
Cytb	冬生群	−0.406	0.363	−28.294	0.000
	秋生群	−0.554	0.265	−29.755	0.000
	总计	−0.328	0.394	−29.129	0.000

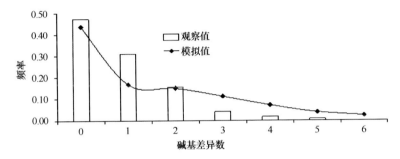

图 4-8　阿根廷滑柔鱼 *Cytb* 单倍型的核苷酸不配对分布图

注：柱形为观测值，曲线为群体扩张模型下的预期分布

三、讨论

1. 群体遗传多样性与遗传分化

本书基于 mtDNA 标记得出阿根廷滑柔鱼 2 个产卵群具有较高的单倍型多样性指数及较低的核苷酸多样性指数，这与其短生命周期生活史特征息息相关。物种的遗传变异越丰富，对环境变化的适应能力越强；反之，更容易受到环境变化的影响（Boyle 和 Rodhuse，2005）。在长期的进化过程中，阿根廷滑柔鱼通过延长产卵期与纬度方向的迁移，最大化地扩大后代的时空分布（O'dor 和 Lipinski，1998）。每个世代包含不同的群体，它们在不同的生长和存活条件下具有不同的生物学特性，如生长率和性成熟胴长等，使得阿根廷滑柔鱼具有较复杂的种群结构（Carvalho 和 Nigmatullin，1998）。不同产卵群具有不同的产卵场时空分布，产卵场的地理分布不连续性可以产生生殖隔离，群体间有可能形成显著的遗传分化。

Katugin（2002）利用蛋白酶位点检测到柔鱼冬春生群（西部群体）与秋

生群（东部群体）显著的遗传差异，分析认为产卵场的隔离可能造成这种差异。本书的研究结果表明，冬生群与秋生群间以及冬生群在时间上不存在显著的遗传分化。Arkhipkin（1993）对阿根廷滑柔鱼产卵前聚集时的生物学与渔业特征进行研究，认为冬生群4-6月从索饵区域向北洄游，在阿根廷大陆架3个作业区域均出现群体聚集现象，且雄性个体提前2~3周向北洄游，它们有可能和秋生群在洄游过程中参与繁殖活动。实验所取的秋生群样本全为雌性个体，性腺发育期为Ⅲ和Ⅳ期，Ⅳ期的个体居多。同时期所取的冬生群（W2）样本有部分个体达到初次性成熟。阿根廷滑柔鱼还具有到达沿岸海域产卵特征，这样的生活史特征加之海流的作用使得群体间进行频繁的基因交流成为可能（Crespi-Abril 和 Barón，2012）。

2. 阿根廷滑柔鱼生活史特征及栖息地海洋环境条件

西南大西洋海域存在南极绕极流及其延伸流——福克兰海流，福克兰海流沿着巴塔哥尼亚大陆架边缘北上直至到达38°S左右海域与巴西暖流汇合。许多小规模的次表层流携带寒冷的富含营养盐的海水沿着大陆架到达福克兰群岛东西两侧，作为福克兰海流与巴塔哥尼亚海流的分支（图4-9）。巴西海流为西边界流，沿着大陆架边缘向南流动与福克兰海流汇合，冷暖海流的汇合使得这一海域初级生产力大大提高。阿根廷滑柔鱼在产卵前由南向北聚集，产卵及幼体孵化过程与巴西海流和福克兰海流彼此交汇息息相关。然后向南洄游，索饵、生长及性成熟阶段与福克兰海流有着紧密联系（Anderson 和 Rodhouse，2001）。陆化杰（2012）通过利用耳石微量元素推测阿根廷滑柔鱼生活史，推测在28°—38°S海域存在冬生群和秋生群的孵化场，阿根廷滑柔鱼仔稚鱼在巴西海流的输送下不断向南洄游，待性成熟后开始向北洄游到产卵场（图4-10）。Crespi-Abril 和 Barón（2012）根据产卵场与肥育场海表温和叶绿素a浓度，认为阿根廷滑柔鱼在41°S以南巴塔哥尼亚大陆架、大陆坡外缘海域进行产卵前聚集，只需消耗较少的能量即可达到相对有利的沿岸产卵区域而不是巴西海流和福克兰海流交汇区。阿根廷滑柔鱼不仅通过在不连续的季节及海域（巴塔哥尼亚大陆架、大陆坡中部与外缘）产卵，而且通过准永久性迁移到沿岸海域产卵来产生比较连续的补偿群体。这样的产卵方式很可能导致阿根廷滑柔鱼较低的遗传差异。

3. 群体历史动态

本书所采集的样本集中于我国对阿根廷滑柔鱼进行商业开发的海域，包括2个主要产卵群，它们是该渔业的主要捕捞对象。2个产卵群在西南大西洋

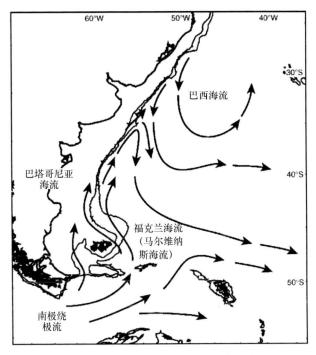

图4-9　西南大西洋阿根廷滑柔鱼所在海域主要的表层流（Anderson，2001）

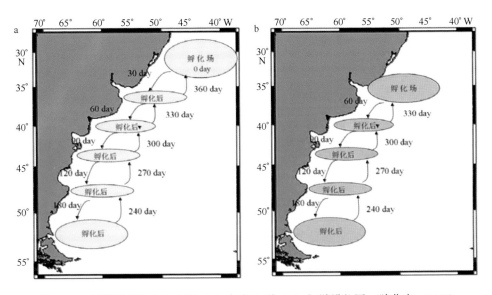

图4-10　阿根廷滑柔鱼秋生群（a）与冬生群（b）洄游设想图（陆化杰，2012）

进行长距离的洄游，因此，所采集样本的群体遗传多样性能够体现出较大地理范围的群体遗传学特征，可进行群体历史动态分析。基于 Cytb 单倍型核苷酸不配对分布的 τ 值为 3.406，计算得到阿根廷滑柔鱼发生群体扩张事件的时间在 14.2 万~17.2 万年前，处于更新世晚期，全球气候及海洋环境变化对许多海洋生物的空间分布格局产生重大影响（Grant 和 Bowen，1998）。阿根廷滑柔鱼在更新世冰期可能被阻隔在 1 个冰期避难所中，不同群体相互混合，没有形成显著的谱系结构。在间冰期，海平面上升，阿根廷滑柔鱼发生群体扩张，在自身生活史特征及海流的作用下形成现在的系统地理格局。

建议今后扩大采样范围，尽量在同一时期对整个分布区域的阿根廷滑柔鱼取样，综合考虑海洋环境因素及阿根廷滑柔鱼自身的生活史特征，以期获得比较全面且系统的阿根廷滑柔鱼的种群遗传结构及系统地理格局。

第五章 茎柔鱼分子系统地理学

第一节 地理分布与群体组成

一、地理分布

茎柔鱼英文名为 Jumbo flying squid，外形见图 5-1。大洋性浅海种，分布在中部太平洋以东的海域，即在 125°W 以东的加利福尼亚半岛（30°N）至智利（30°S）一带水域（图 5-2），范围很广。但高密度分布的水域为从赤道到 18°S 之间的南美大陆架以西 200 ~ 250 n mile 的外海，即厄瓜多尔及秘鲁的 200 n mile 水域内外（陈新军等，2009）。

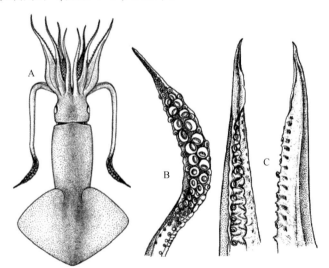

图 5-1 茎柔鱼形态特征示意图（据 FAO）

A：背视；B：触腕穗；C：茎化腕口视和背视

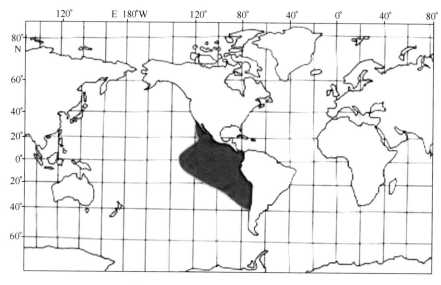

图 5-2　茎柔鱼的地理分布示意图

二、群体组成

关于茎柔鱼的种群结构，不同的学者有不同的观点，目前还没有一个较为确切的定论。主要原因是茎柔鱼资源分布广，个体大小差异显著，全面系统地掌握生物学资料有一定的困难。Nesis（1983）将成年茎柔鱼分成 3 个不同的体型群，小型群的胴长范围为 200~230 mm；中型群的胴长范围为 340~450 mm；大型群的胴长大于 460 mm。Ehrhardt 等（1983）和 Sato（1975）认为分布在加利福尼亚海湾的茎柔鱼可分成 5 个族。秘鲁海域的茎柔鱼资源丰富，种群结构复杂。Argüelles 等（2008）认为秘鲁海域茎柔鱼性成熟胴长大小存在年间差异，根据性成熟胴长大小，将秘鲁海域茎柔鱼划分为大型群和中型群。按个体大小划分，又可分为小、中、大 3 个群体（Nigmatallin，2001；叶旭昌和陈新军，2007），而 Argüelles 等（2001）认为秘鲁海域存在 2 个群体，胴长大小分别小于 490 mm 和大于 520 mm。赤道海域是近年来我国鱿钓船新开发的茎柔鱼渔场，该海域茎柔鱼种群结构较单一，主要为小型群（陈新军等，2012）。

第二节　种群遗传结构

东太平洋茎柔鱼种群结构复杂，Nigmatullin 等（2001）根据成年雄性与雌性个体的胴长将茎柔鱼划分小型群、中型群与大型群。小型群主要分布在赤道海域，中型群存在于茎柔鱼整个分布范围内（高纬度海域除外），大型群则主要存在于茎柔鱼分布范围内南北纬边缘海域，在近岸寒流特别是秘鲁寒流的沿岸分支也有所分布。我国学者对东太平洋不同海区茎柔鱼渔业生物学进行比较研究，分析认为赤道海域与哥斯达黎加外海茎柔鱼种群结构较单一，主要为小型群，智利外海存在 1 个大型群，秘鲁外海存在 1 个大型群和 1 个中型群（刘必林，2012）。有关茎柔鱼群体遗传学研究已有报道，但研究对象并未划分出不同性成熟胴长群体，大型群与中型群间遗传差异是否由外界环境变化引起仍需进一步研究。因此，本书采用 mtDNA（CO Ⅰ 与 Cyt*b* 基因）标记与 SSR 标记对秘鲁外海大型群与中型群进行遗传变异分析。现有的群体遗传学研究结果表明，茎柔鱼大致以赤道为界分为南、北 2 个种群（Sandoval-Castellanos et al.，2007，2010；闫杰等，2011）。但是，这些研究中茎柔鱼样本均取自秘鲁及其以南、哥斯达黎加及其以北海域，并不包括赤道海域。赤道海域群体与其他地理群体间的遗传差异是否显著有待进一步研究。目前，茎柔鱼 SSR 的分离在国内外尚未见报道，本书首先采用高通量测序技术平台 Illumina solexa 构建茎柔鱼 Pair-end（PE）文库，并筛选出多态性 SSR 标记用于茎柔鱼群体遗传变异分析。

一、茎柔鱼 SSR 标记的分离与鉴定

1. 材料与方法

（1）实验材料与基因组 DNA 的提取。

茎柔鱼采自秘鲁外海，存放于船舱冷库中并运回至实验室。取套膜肌肉组织，置于 95% 乙醇中，−20℃ 保存备用。基因组 DNA 提取采用组织/细胞基因组 DNA 快速提取试剂盒（同前）。紫外分光光度计检测 DNA 浓度，提供 PE 文库制备所需 DNA 含量（浓度≥150 ng/μl、总量≥3 μg）（图 5-3）。

（2）PE 文库的制备与测序。

DNA 样本送至上海翰宇生物科技有限公司，利用超声仪（Fisher）打断约 1 μg DNA，回收 100 bp 大小凝胶产物。凝胶产物纯化后分别利用

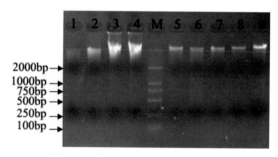

图 5-3　茎柔鱼基因组 DNA 电泳图

TruSeqTM DNA Sample Prep Kit 与 TruSeq PE Cluster Kit（Illumina，America）进行文库制备与扩增。在 Illumina Hiseq 2000 测序仪上进行 2 倍覆盖率测序，测序质量 Q20>85%。

（3）引物设计及 SSR 标记的筛选。

通过 MISA 软件预测 SSR 位点，采用 Prime Premier 5.0 软件对含有 SSR 的基因组序列设计引物。引物设计原则：引物长度为 18~22 bp，退火温度为 55~62℃，GC 含量为 40%~60%，PCR 扩增产物长度为 150~400 bp。分别合成 SSR 引物及荧光标记 SSR 引物。以赤道海域及秘鲁外海茎柔鱼 20 个个体的基因组 DNA 为模板进行 PCR 扩增，PCR 产物经过琼脂糖凝胶电泳初步筛选能够扩增出清晰条带的 SSR 标记。然后用带有荧光标记的 SSR 引物进行 PCR 扩增，通过等位基因分型技术筛选多态性 SSR 标记。

（4）微卫星 PCR 扩增。

PCR 反应总体积均为 25 μL，其中 10×PCR Buffer 2.5 μL、*Taq* DNA poly-merase（5U/μL）0.2 μL、dNTP（各 2.5 mmol/L）2 μL、上下游引物（10 μmol/L）各 0.6 μL、DNA 模板 20 ng、ddH$_2$O 补足体积。PCR 反应程序为：94℃预变性 2 min；94℃变性 30 s，退火 30 s，72℃延伸 45 s，35 个循环；72℃最后延伸 2 min。

（5）PCR 产物的纯化及其分子量数据的读取。

带有荧光标记的 PCR 产物经过 1.2%琼脂糖凝胶电泳分离，用 Biospin Gel Extraction Kit 纯化。PCR 纯化产物稀释后与分子量内标（ROX-500）混合，通过 ABI3730XL 全自动 DNA 测序仪进行毛细血管电泳，利用 Genemapper Version 3.5 软件读取微卫星扩增产物的分子量数据。

（6）数据统计与分析。

对原始序列数据的成分和质量进行评估，去除低质量数据。利用 Velvet. 2.03 软件进行 *de novo* 拼接与组装，拼装后的重叠群（contig）序列长度>100 bp。采用 MISA 软件检索 SSR，检索标准为：单碱基≥10 次重复，二碱基≥8 次重复，三碱基≥5 次重复，四碱基≥4 次重复，五碱基和六碱基≥3 次重复。Excel 软件统计检索数据，包括不同类型 SSR 及其所占比例、不同重复类型 SSR 在基因组中分布情况、SSR 重复单元的种类与重复次数以及它们所占比例。在统计数据时将所有可循环的序列及其互补序列归为一类，如核心重复序列 ATG、TGA、GAT、CAT、ATC 和 TCA 为同一类。根据分子量数据确定个体各位点基因型，利用 Popgen 3.2 进行群体遗传学分析，计算等位基因数（N_a），有效等位基因数（N_e），观测杂合度（H_o），期望杂合度（H_e）与 Shannon 多样性指数（Shannon's information index，I）。多态信息含量（PIC）由 Cervus 3.0 软件计算，并采用马尔科夫链（Markov Chain）方法进行 Hardy-Weinberg 平衡检验。

2. 结果

（1）SSR 在茎柔鱼基因组中的分布。

测序共获得 4.6G 总碱基数，对获得的高质量数据进行 *de novo* 拼装，共得到 177 682 条 contigs 序列（去冗后）。contigs 总长度为 50 508 867 bp，N_{50} 为 265 bp，平均长度为 284 bp，最大长度为 9 192 bp。采用 MISA 软件共检索到 12 503 条含有 SSR 的 contigs 序列，平均长度为 229 bp，最大长度为 5 570 bp。在获得的 SSR 中，完美型微卫星 11 700 个（93.58%），非完美型微卫星 138 个（1.10%），混合型微卫星 665 个（5.32%）。重复次数在 10~20 之间的 SSR 最多，为 6 292 个（50.32%）；重复次数小于 10 的 SSR 次之，为 6 190 个（49.51%）；重复 20 次以上的 SSR 最少，为 21 个（1.17%）（表5-1）。

表 5-1 茎柔鱼基因组不同类型 SSR 所占比例

	完美型	非完美型	混合型	重复数			
				<10	10~20	21~30	>30
数量	11 700	138	665	6 190	6 292	11	10
百分比（%）	93.58	1.10	5.32	49.51	50.32	0.09	0.08

对完美型微卫星不同重复类型的数目及分布频率进行统计，单碱基重复微卫星数最多，为 4 138 个（35.36%），在基因组中的分布频率为 1/11.92 Kb。二碱基重复微卫星数为 2 284 个（19.52%），在基因组中的分布频率为 1/21.60 Kb。其中，AC 重复单元所占比例最高，为 50.96%；CG 重复单元所占比例最低，为 0.09%。三碱基重复微卫星数为 2 356 个（20.14%），在基因组中的分布频率为 1/20.94 Kb。重复单元的种类数为 10 种，其中，ATC 重复单元所占比例最高，为 42.11%。四碱基重复微卫星数为 1 703 个（14.56%），在基因组中的分布频率为 1/28.96 Kb。重复单元的种类数为 31 种，其中，ACAT 重复单元所占比例最高，为 26.42%。五碱基重复微卫星数为 674 个（5.76%），在基因组中的分布频率为 1/73.18 Kb。重复单元的种类数为 79 种，其中，AAAAC 重复单元所占比例最高，为 16.77%，其余重复单元中有 59 种所占比例均小于 1%。六碱基重复微卫星数最少，为 545 个（4.66%），在基因组中的分布频率为 1/90.50 Kb。重复单元的种类数最多，为 153 种。重复单元 AAAGTG 所占比例最高，为 10.83%，其余重复单元中有 135 种所占比例均小于 1%（表 5-2，表 5-3）。

表 5-2　不同重复类型 SSR 在茎柔鱼基因组中的分布情况

特征	SSR 数目	SSR 分布频率	百分比（%）
单碱基重复	4 138	1/11.92 Kb	35.36
二碱基重复	2 284	1/21.60 Kb	19.52
三碱基重复	2 356	1/20.94 Kb	20.14
四碱基重复	1 703	1/28.96 Kb	14.56
五碱基重复	674	1/73.18 Kb	5.76
六碱基重复	545	1/90.50 Kb	4.66
SSR 总数目	11 700		
SSR 总长度（bp）	257 557		
基因组大小（bp）	50 508 867		

表 5-3　茎柔鱼基因组中 SSR 主要重复单元及其所占比例

重复类型	重复单元及其所占比例（%）			
单碱基重复	A（81.25）	G（18.75）		
二碱基重复	AC（50.96）	AG（42.08）	AT（6.87）	CG（0.09）
三碱基重复	ATC（42.11）	AAG（13.29）	AAC（11.63）	AGC（9.25）
四碱基重复	ACAT（26.42）	AGAT（14.80）	AAAG（11.22）	ACAG（9.34）
五碱基重复	AAAAC（16.77）	AAAAG（16.17）	AAAAT（10.68）	AATAT（3.71）
六碱基重复	AAAGTG（10.83）	ACAGAG（7.16）	AAAAAC（5.50）	AAAAAG（4.77）

　　对完美型微卫星不同重复类型的重复次数及其所占比例进行统计，单碱基重复次数为 10~34，重复次数为 10 的 SSR 所占比例最高，为 53.84%，重复次数大于 17 的 SSR 所占比例不足 1%。二碱基重复次数为 8~16，重复次数为 8 的 SSR 所占比例最高，为 22.29%，重复次数为 16 的 SSR 所占比例最低，为 7.27%。三碱基重复次数为 5~11，重复次数为 5 的 SSR 所占比例最高，为 39.26%，重复次数为 11 的 SSR 所占比例最低，为 4.41%。四碱基重复次数为 4~9，重复次数为 4 的 SSR 所占比例最高，为 39.64%，重复次数为 9 的 SSR 所占比例最低，为 0.29%。五碱基重复次数为 3~7，重复次数为 3 的 SSR 所占比例最高，为 85.46%，重复次数为 7 的 SSR 所占比例最低，为 0.44%。六碱基重复次数为 3~6，重复次数为 3 的 SSR 所占比例最高，为 82.57%，重复次数为 6 的 SSR 所占比例最低，为 0.92%（图 5-4）。

　　（2）SSR 位点的多态性。

　　通过 MISA 软件预测 SSR 位点，共有 5 177 个位点可以设计引物。随机合成 100 对引物，对茎柔鱼 20 个个体进行 PCR 扩增。琼脂糖凝胶电泳检测有 60 对引物扩增出清晰条带，其中 39 对引物扩增出多态性条带。39 对 SSR 引物的核心序列、扩增产物大小、退火温度以及 SSR 位点的多态性见表 5-4。各位点等位基因数为 4~26 个，观测杂合度介于 0.150~0.950 之间，期望杂合度介于 0.487~0.972 之间。多态信息含量介于 0.440~0.945 之间，除位点 DG19 为中度多态性位点外（$0.25 < PIC < 0.5$），其余均为高度多态性位点（$PIC > 0.5$）。经 Bonferroni 校正后，位点 DG01、DG10、DG12、DG17、DG22、DG23、DG24、DG25、DG27、DG31、DG32、DG33、DG35 极显著偏离 Hardy-Weinberg 平衡（$P < 0.01$）。

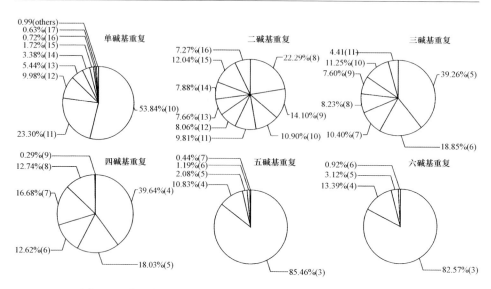

图 5-4　荼柔鱼基因组中不同重复类型 SSR 重复数及其所占比例

注：每一扇区对应不同重复数的 SSR，而该重复数 SSR 所占的比例用连线标注在对应的扇区一侧，括号内为其对应的 SSR 重复数

3. 讨论

磁珠富集法需要合成生物素标记的探针、利用链霉亲和素磁珠富集 SSR 片段以及从构建的基因组 SSR 文库中筛选出阳性克隆与测序，从而最终获得 SSR 标记（李清荟等，2013）。常用的探针为（AC）$_n$、（AG）$_n$，因此，获得的 SSR 以二碱基重复居多。第二代测序技术平台主要包括 Roche 454 和 Illumina solexa 等，二者因具有所需样品量小、高通量、精确性高等特点，广泛应用于基因组学研究中（曾聪等，2013；Barthelmess et al.，2013）。本章基于 Illumina solexa 测序平台获得约 50Mb 的荼柔鱼基因组信息，SSR 在基因组中的分布频率为 1/3.95 Kb，总长度为基因组长度的 0.54%，均低于某些鱼类基因组中 SSR 的分布情况（Chistiakov et al.，2006）。在所有的 SSR 中，完美型微卫星所占比例高达 93.58%，显著高于头足类其他种类（左仔荣，2012）。完美型微卫星不同重复类型（多碱基重复微卫星）分布频率结果显示，二碱基重复微卫星中 AC 重复单元最丰富，为 1 164 个，与报道的结论一致。但是它的分布频率低于三碱基重复微卫星，且四碱基重复微卫星也占有较大比例，这与研究报道的真核生物基因组中二碱基重复微卫星最为丰富有所差异（彭艳辉等，2012；李清荟等，2013）。SSR 重复次数在 20 以上的比

表 5-4　筛选的茎柔鱼 SSR 引物特征及 SSR 位点多态性

位点	核心重复序列	引物序列 (5'-3')	产物大小 (bp)	T_m (℃)	等位基因 N_a	有效等位基因数 N_e	观测杂合度 H_o	期望杂合度 H_e	GenBank 登录号
DG01*	(TC)$_{13}$	F: AGGCAAACGAACTCCAACTCA R: CCCCGTTATTTGTCGCATCG	184~232	62.0	12	0.850	0.903	0.868	KF922441
DG02	(TAGA)$_6$	F: GTTGAGGGTGGTGAGAAGG R: CGCGCACTTGATCACACTTC	180~224	58.5	20	0.700	0.933	0.904	KF922442
DG04	(AC)$_{12}$	F: ACTCAGGACCAAGCAGTAAGA R: AGAGAACACTCGCGACACAC	198~219	55.0	13	0.650	0.897	0.863	KF922444
DG05	(TACT)$_5$…(TACT)$_5$	F: GTCAGGGACCAGCTGCAAAG R: CTTAGGCAGCAGCAGCAGTA	136~218	57.0	7	0.550	0.694	0.648	KF922445
DG06	(GT)$_{13}$	F: TGCTAGGGTCAAACTCTACTCC R: ATCTACTCCCACTGGCGACA	171~231	56.0	16	0.850	0.922	0.890	KF922446
DG07	(AT)$_{11}$	F: ATGGCGGCGTGCTACCTTTTA R: ACCCAAACACACGTAGCCAA	156~174	55.0	15	0.850	0.909	0.878	KF922447
DG08	(AG)$_{13}$	F: TGGCAAAGTTAGTACAGATGGA R: ACGTCACCTATAATTGGCCCG	136~166	55.0	11	0.700	0.832	0.790	KF922448
DG09	(CAG)$_8$	F: CACCGTCACCATCACCATCA R: GGGAAAGTTACACCCCAAAGG	156~184	58.5	16	0.850	0.917	0.885	KF922449
DG10*	(AAC)$_8$	F: AGCAGTCACGGCTGTTTCTT R: TTCGAGGCCGGAGTCTTAGA	177~193	55.0	13	0.450	0.906	0.873	KF922450
DG11	(AATG)$_6$	F: GCCAGCATGATTCGAAACCC R: CAGAGCCGAACGGAATTGGA	213~247	56.0	10	0.800	0.824	0.778	KF922451

续表

位点	核心重复序列	引物序列 (5'~3')	产物大小 (bp)	T_m (℃)	等位基因 N_a	有效等位基因数 N_e	观测杂合度 H_o	期望杂合度 H_e	GenBank 登录号
DG12*	(CCT)9	F: CCAGATCCCCAAGTACTCGC R: TGATGGGTGCTGAGGAAGGA	138~159	58.5	12	0.200	0.880	0.844	KF922452
DG13	(ATGA)7	F: TGTGACTGAGAAGTGGACGT R: TTCATCCTTCGCGTAGTGCC	171~185	55.0	9	0.700	0.856	0.817	KF922453
DG14	(CAC)8	F: GATCGCAGTTGTTGAGCACC R: GTAGCGAAGGGAGAGGAGGA	170~196	58.5	13	0.500	0.903	0.869	KF922454
DG15	(GT)9…(GAGT)6	F: GTGTTAGTGTGATCGTGCGC R: TGTGGCAGAATTGTGGGGAG	154~189	60.0	17	0.600	0.915	0.884	KF922455
DG16	(AGAT)7	F: AGCTTTTAATCTCCCCCTCCG R: CTCTGGCCATTGTTCCGTCTGT	162~365	60.0	17	0.500	0.892	0.861	KF922456
DG17*	(GT)11	F: GTGGATGTGTGTGCTTGTGTC R: GCAAAAAGCTGCTTCCTCGG	163~224	57.5	19	0.500	0.942	0.913	KF922457
DG18	(GAGT)7	F: TGCAAAATCGGTCACAGCC R: CAAAGGGTTGATCTGCCGTT	145~199	56.5	17	0.850	0.908	0.875	KF922458
DG19	(TTG)6…(AGC)6	F: TTGAGGCGCGGTCATCATCTG R: TTCCCCAGAAACCGTTGCAT	212~221	55.0	6	0.400	0.487	0.440	KF922459
DG20	(GACA)6	F: TGTGGGGATGATCGTTACCT R: AGCTCTCAACTTGACACGGT	207~215	56.5	7	0.200	0.613	0.556	KF922460
DG21	(CA)12	F: AGGCTGCATGATGCTACTGATG R: TCCGACGGTTCCATGTTCAA	201~289	57.0	26	0.700	0.958	0.930	KF922461

续表

位点	核心重复序列	引物序列 (5′-3′)	产物大小 (bp)	T_m (℃)	等位基因数 N_a	有效等位基因数 N_e	观测杂合度 H_o	期望杂合度 H_e	GenBank 登录号
DG22*	(TGGA)₇	F: AACGGCTGTAATGCTGCTCT R: TGCCGGTTCAGAATACTCAGT	176~242	56.5	19	0.600	0.941	0.912	KF922462
DG23*	(GAT)₈	F: AGGATAAAGAGACCCGACAG R: GCTTCACTGATTTTGGCCTGG	194~255	58.5	21	0.350	0.964	0.937	KF922463
DG24*	(TC)₁₂	F: CACTGCCCTCTGACAGCTAGC R: TAGCGATGTGACGGGAAAGG	181~250	60.0	24	0.650	0.972	0.945	KF922464
DG25*	(TTTC)₇	F: ACCGCCATTTTGAATCCCCA R: GCACCCGAATTAAACAGCACC	184~315	57.0	13	0.450	0.909	0.876	KF922465
DG26	(GAC)₈	F: GGTTTCGCCTTCGCCATTTT R: CGTCATCCTCCGTCGTCATCT	202~211	55.0	6	0.350	0.663	0.601	KF922466
DG27*	(CAG)₈	F: TCTTGACCAGCGCATTCGAA R: CCTTCCACCTCCCTCTCGTA	165~183	55.5	11	0.400	0.778	0.742	KF922467
DG28	(TTG)₇	F: GCCGCTAGCTTTGTTCAATTC R: CCCAACCACACGACGACGAATA	251~319	55.5	21	0.950	0.945	0.916	KF922468
DG29	(CA)₈…(TG)₈	F: GTCTCTGCGACCAGCACACGTT R: TCAAGTGTTACAGGGTTCCGT	167~223	56.5	16	0.700	0.913	0.881	KF922469
DG30	(TC)₁₀	F: CCCTTCCTTCTCCACGTGAC R: ACGCAGCTTCGATCATCGAG	154~159	60.0	4	0.150	0.700	0.622	KJ000412
DG31*	(GA)₁₀	F: CACTACCCTCATTGCTGCCA R: CCTCAAAACACAAGTTGCCCC	203~279	58.0	20	0.421	0.959	0.930	KJ000413

续表

位点	核心重复序列	引物序列 (5′-3′)	产物大小 (bp)	T_m (℃)	等位基因数 N_a	有效等位基因数 N_e	观测杂合度 H_o	期望杂合度 H_e	GenBank 登录号
DG32*	$(AC)_{10}$	F: AGCAGCACTCCCGTCAACTAC R: CCACAGTCATTGCTGCCACAC	146~202	58.0	22	0.300	0.968	0.941	KJ000414
DG33*	$(TC)_{10}$	F: CTACCCCACCCACACTTTCA R: GGGCAATGGAGTGAAACACA	164~207	58.0	19	0.600	0.950	0.922	KJ000415
DG34	$(GA)_{12}$	F: GAACTGTTTGCCGGTGATGG R: TGATGTCAATTTCGGTCACGTG	138~163	58.0	15	0.700	0.882	0.847	KJ000416
DG35*	$(AC)_{11}$	F: ACCTGTCGTTTGGATGGGAA R: AGTTGAGAAAATTGAAATGCGTGT	146~199	56.0	21	0.650	0.960	0.933	KJ000417
DG36	$(AG)_{11}$	F: AAGAGAGTGAGGGTGGCAGA R: TAAAACACAGACACTCGCCGT	125~186	58.0	21	0.737	0.963	0.934	KJ000418
DG37	$(TGGC)_4\cdots(CTGG)_6$	F: GCTCCCTGCGTCTATTTCGGA R: GTCGGCGTCTCTCTGCTAC	184~203	59.0	9	0.650	0.810	0.762	KJ000419
DG38	$(ACA)_7\cdots(CGT)_5$	F: CCAGGTGCACGGTGAATCGAA R: ATGATGACAAAACACGCCGG	174~295	58.0	9	0.850	0.824	0.776	KJ000420
DG39	$(CTTT)_7$	F: CCTCTTCTCTCTCCCGTTCACC R: CGGAGGAGGGGTAGAGCTAT	229~266	60.0	16	0.800	0.937	0.907	KJ000421
DG40	$(AGC)_5\cdots(GAT)_6$	F: CAAGATGAAGACGGACGCGGG R: TTCGGTTCGAGCAGCAGTGTC	285~304	60.0	11	0.850	0.883	0.847	KJ000422

注：* 表示经 Bonferroni 校正后极显著偏离 Hardy-Weinberg 平衡（$P<0.01$）

例不足 2%，且全是单碱基重复。而基于磁珠富集法分离其他头足类的 SSR 时，所得 SSR 的重复次数在 20 以上的比例均在 10% 以上，这可能与该测序技术读长较短相关（Zuo et al.，2012）。选择含有二碱基≥10 次重复、三碱基≥8 次重复、四碱基≥6 次重复的 contigs 序列，有 5 177 个位点可以设计引物，这为茎柔鱼多态性 SSR 标记的筛选提供丰富的来源。而通过磁珠富集法从柔鱼基因组文库中挑取 800 个阳性克隆，仅检测到 76 条 SSR 序列进而筛选出 8 个多态性 SSR 位点，不能满足柔鱼群体遗传学研究。由此可以看出，对于基因组中 SSR 分布频率较低的物种来说，通过高通量测序技术获得大量多态性 SSR 标记具有较高的优越性。

本书在筛选柔鱼、茎柔鱼多态性 SSR 标记过程中均检测到部分 SSR 位点极显著偏离 Hardy-Weinberg 平衡（$P<0.01$），且它们均存在纯合体个体过剩现象。因此，这些位点很可能存在无效等位基因。无效等位基因产生的原因主要为 SSR 侧翼序列变异，从而导致该位点无法正常扩增，电泳检测时无可见的扩增条带或者杂合子只表现出一条带（文亚峰等，2013）。建议在以后的实验中可通过重新设计特异性 SSR 引物从根本上消除无效等位基因的影响或者估算无效等位基因频率进行群体遗传学研究。

二、秘鲁外海茎柔鱼大型群与中型群的遗传变异分析

1. 材料与方法

（1）实验材料与基因组 DNA 的提取。

茎柔鱼采自秘鲁外海，存放于船舱冷库中并运回至实验室。对其进行生物学测定，测定内容包括胴长（mm）、体质量（g），性腺成熟度等。根据胴长大小与性腺成熟度划分出大型群和中型群（刘必林，2012），大型群个体全为雌性个体，性腺发育程度大部分为Ⅱ期，极个别为Ⅰ期。中型群个体包括雌性、雄性个体，性腺发育程度全部为Ⅱ期。因此，可推断大型群与中型群为同一产卵群。样本采集详细信息见表 5-5。取套膜肌肉组织，置于 95% 乙醇中，$-20℃$ 保存备用。基因组 DNA 提取采用组织/细胞基因组 DNA 快速提取试剂盒（同前）。

表 5-5 秘鲁外海茎柔鱼样本采集信息

群体	采样地点	采样时间	平均胴长/cm	平均体质量/g	样本数
大型群	10°~18°S、	2011-07	52.29 ± 1.96	4 931.80 ± 686.16	32
中型群	80°~86°W		26.92 ± 1.69	562.69 ± 62.96	32

（2）PCR 扩增。

COI基因扩增引物为自行设计，COIF：5'-ATCCCATGCAGGCCCTTCAG-3'，CO I R：5'-GCCTAATGCTCAGAGTATTGGGG-3'。Cytb 基因扩增引物引自闫杰等（2011），CytbF：5'-ACGCAAAATGGCATAAGCGA-3'，CytbR：5'-AGTTGTTCAGGTTGCTAGGGGA-3'。选择本章第一节筛选的 12 个 SSR 位点（DG02、DG06-DG09、DG11、DG18、DG28-DG29、DG36、DG38-DG39）合成 12 对 SSR 引物。PCR 扩增反应体系均为 25 μL，其中 10×PCR Buffer 2.5μL、Taq DNA polymerase（5U/μL）0.2 μL、dNTP（各 2.5 mmol/L）2μL、上下游引物（10μmol/L）各 0.6 μL、DNA 模板 20 ng、ddH$_2$O 补足体积。mtDNA2 个基因 PCR 反应程序为：94℃预变性 2 min；94℃变性 30 s，58℃退火 45 s，72℃延伸 45s，35 个循环；72℃最后延伸 2 min。微卫星 PCR 反应程序为：94℃预变性 2 min；94℃变性 30 s，退火 30 s，72℃延伸 45 s，35 个循环；72℃最后延伸 2 min。

（3）PCR 产物的纯化、测序及分子量数据的读取。

PCR 产物经过 1.2%琼脂糖凝胶电泳分离，用 Biospin Gel Extraction Kit 纯化。对 Cytb 与 CO I 基因扩增产物进行双向测序，对微卫星扩增产物读取分子量数据。

（4）数据分析。

测序结果使用 ClustalX 1.83 软件进行比对并辅以人工校对。采用 MEGA 4.0 软件中的 Statistics 统计 DNA 序列的碱基组成，利用 TrN+G 模型计算净遗传距离。单倍型数、单倍型多样性指数（h）、核苷酸多样性指数（π）、平均核苷酸差异数（k）等遗传多样性参数由 DnaSP 4.10 软件计算。通过构建最小跨度树来反映不同单倍型间的连接关系，单倍型间的关系和核苷酸差异数由 Arlequin 3.01 软件计算，并利用该软件计算群体间遗传分化系数 F_{st} 及其显著性（重复次数 1000）。根据分子量数据确定个体各位点基因型，利用 Popgen 3.2 进行群体遗传学分析，计算等位基因数（N_a），有效等位基因数

（N_e），观测杂合度（H_o），期望杂合度（H_e）与 Shannon 多样性指数（Shannon's information index，I）。多态信息含量（PIC）由 Cervus 3.0 软件计算，并采用马尔科夫链（Markov Chain）方法进行 Hardy-Weinberg 平衡检验。利用 Arlequin 3.01 计算群体遗传分化的 F-统计量（F-statistics，F_{st}）。

2. 结果

（1）Cyt*b* 与 CO I 基因片段序列分析。

经 PCR 扩增及测序，对所得序列进行校对和排序，获得 Cyt*b* 基因片段 724bp 的可比序列。在所有分析序列中，A、T、G、C 碱基的平均含量分别为 43.97%、23.61%、12.25%、20.17%，A+T 含量（67.58%）明显高于 G+C 含量（32.42%）（表 5-6）。在 Cyt*b* 基因片段中检测到 21 个变异位点，其中单碱基变异位点 16 个，简约信息位点 5 个。转换和颠换分别为 19 个和 2 个，无插入与缺失。这些变异位点共定义了 19 个单倍型，其中单倍型 H1、H3、H4、H8 与 H10 为 2 个群体共享单倍型（表 5-7）。

获得 CO I 基因片段 622bp 的可比序列，在所有分析序列中，A、T、G、C 碱基的平均含量分别为 27.69%、36.67%、15.39%、20.25%，A+T 含量（64.36%）明显高于 G+C 含量（35.64%）（表 5-6）。在 CO I 基因片段中检测到 16 个变异位点，其中单碱基变异位点 13 个，简约信息位点 3 个。转换和颠换分别为 16 个和 1 个，无插入与缺失。这些变异位点共定义了 18 个单倍型，其中单倍型 H1、H7 与 H9 为 2 个群体共享单倍型。单倍型序列分歧值较低，与单倍型 H1 相比，其余 17 个单倍型中有 12 个与它只存在 1 个核苷酸的差异（表 5-8）。

表 5-6　茎柔鱼 CO I 与 Cyt*b* 基因片段序列组成

基因	片段长度（bp）	基因序列数	碱基含量（%）					
			A	T	G	C	A+T	G+C
CO I	622	64	27.69	36.67	15.39	20.25	64.36	35.64
Cyt*b*	724	64	43.97	23.61	12.25	20.17	67.58	32.42

表 5-7　茎柔鱼 **Cytb** 单倍型及其在群体中的分布

单倍型	变异位点																					单倍型分布情况		
	088	100	113	138	139	151	187	190	250	304	337	344	412	418	472	475	487	538	559	613	619	大型群	中型群	n
H1	G	A	A	G	T	G	A	A	G	A	T	A	A	A	G	T	T	A	G	C	C	15	15	30
H2	.	.	.	.	.	.	.	.	.	.	.	.	G	.	.	.	.	.	.	.	.		1	1
H3	.	.	.	.	.	G	.	.	.	.	.	.	G	.	.	.	.	.	.	.	.	4	5	9
H4	A	.	.	.	.	.	.	.	.	.	.	.	G	.	.	.	.	.	.	.	.	1	1	2
H5	.	.	.	.	.	.	.	.	.	.	.	G	G	.	.	.	.	.	.	.	.		1	1
H6	.	.	.	.	.	G	.	.	.	.	.	.	G	.	.	C	.	.	.	.	.		1	1
H7	.	G	.	.	.	.	.	.	.	.	.	.	G	.	.	.	.	.	.	T	T		1	1
H8	A	.	.	.	.	.	.	.	.	.	.	.	.	.	.	.	.	.	.	.	.	3	1	4
H9	.	.	.	.	.	A	G	.	.	.	.	.	G	.	.	.	.	.	.	.	.		1	1
H10	.	.	.	.	.	.	.	.	.	.	.	.	G	.	.	.	.	.	.	.	.	3	2	5
H11	.	.	.	.	.	.	.	.	.	.	C	.	G	.	.	.	.	.	.	.	.		1	1
H12	.	.	.	.	.	.	.	.	.	.	.	.	.	.	.	.	C	.	.	.	.		1	1
H13	.	.	.	.	.	.	.	.	.	A	.	.	G	.	.	.	.	.	.	.	.		1	1
H14	A	.	T	.	.	.	.	.	.	.	.	.	.	.	.	.	.	.	.	.	.	1		1
H15	.	.	T	.	C	.	G	.	.	.	.	.	.	.	G	G	T	.	.	.	.	1		1
H16	.	.	.	.	.	.	.	.	.	.	.	.	.	.	.	.	.	A	.	.	.	1		1
H17	.	.	.	.	.	.	.	.	.	.	.	.	G	.	.	.	G	.	.	.	.	1		1
H18	.	.	.	A	.	.	.	.	.	.	.	.	.	.	.	.	.	.	.	.	.	1		1
H19	.	.	.	.	.	.	.	.	.	.	.	.	G	.	.	.	.	.	.	.	.	1		1

表 5-8 茎柔鱼 CO I 单倍型及其在群体中的分布

单倍型	082	127	142	179	221	265	268	271	389	466	471	493	529	525	535	538	大型群	中型群	n
H1	C	A	G	C	T	G	A	A	G	T	A	G	G	T	C	A	16	17	33
H2	.	.	.	.	A	G	.	.	.	.	.	.	.	.	.	.	1		1
H3	A	.	.	.	.	.	.	.	.	.	.	.	.	.	.	.	1		1
H4	.	.	.	.	.	.	.	.	G	.	A	.	.	.	.	.	1		1
H5	.	G	.	.	.	.	.	.	.	.	.	.	.	.	.	.	1		1
H6	.	.	.	C	.	.	.	.	.	.	.	.	.	.	.	.	2		2
H7	.	.	.	.	.	.	.	.	.	.	A	.	.	.	.	.	5	12	17
H8	.	.	.	.	.	.	.	C	.	.	.	.	.	.	.	.		1	1
H9	T	.	.	.	.	.	.	.	.	.	.	.	.	.	.	.	1	2	3
H10	.	.	.	.	.	G	.	.	.	.	A	.	.	.	.	.	1		1
H11	.	.	.	.	.	G	.	.	.	.	.	.	.	.	.	.		1	1
H12	.	.	.	T	.	.	.	.	.	.	.	.	.	.	.	.		1	1
H13	.	.	.	.	.	.	.	.	.	.	.	.	.	.	G	.		1	1
H14	.	.	.	.	.	G	.	A	.	.	A	A	.	.	.	.		1	1
H15	.	.	.	.	.	G	G	A	.	.	.	.	.	.	.	.		1	1
H16	.	.	.	.	.	.	.	.	.	.	.	.	.	T	.	.		1	1
H17	.	A	.	.	.	.	.	.	.	.	.	.	.	.	.	.		1	1
H18	.	.	.	.	.	.	.	.	.	.	.	.	C	.	.	.		1	1

（2）群体遗传多样性。

基于 Cytb 基因片段所有序列得到的 2 个群体总的单倍型数、单倍型多样性指数、核苷酸多样性指数及平均核苷酸差异数分别为 19、0.758 ± 0.052、0.002 19 ± 0.001 46 和 1.586，均略高于基于 CO I 基因所有序列得到的结果，分别为 18、0.707 ± 0.055、0.001 70 ± 0.001 26 和 1.057（表 5-9）。大型群与中型群遗传多样性无明显差异，均具有较高的单倍型多样性指数与较低的核苷酸多样性指数。

　　12 个 SSR 位点在 2 个群体中的扩增结果见表 5-10。等位基因数为 10~31 个，有效等位基因数为 3.88~13.41。观测杂合度介于 0.531~0.859 之间，期望杂合度介于 0.748~0.944 之间。Shannon 多样性指数介于 2.02~3.01 之间，多态信息含量介于 0.725~0.933 之间，均为高度多态性位点（$PIC > 0.5$）。位点 DG02、DG07、DG09、DG28、DG36 极显著偏离 Hardy-Weinberg 平衡（$P < 0.01$）。大型群与中型群的遗传多样性如表 5-11 所示。中型群等位基因数、有效等位基因数、观测杂合度、期望杂合度、多态信息含量与 Shannon 多样性指数均略高于大型群，二者均具有较高的遗传多样性。

表 5-9　基于 Cytb 与 CO I 基因片段序列的茎柔鱼大型群与中型群遗传多样性

基因	群体	样本数	单倍型数	单倍型多样性指数（h）	核苷酸多样性指数（π）	平均核苷酸差异数（k）
	大型群	32	11	0.764 ± 0.072	0.002 16 ± 0.001 47	1.563
Cytb	中型群	32	13	0.766 ± 0.073	0.002 21 ± 0.001 50	1.603
	合计	64	19	0.758 ± 0.052	0.002 19 ± 0.001 46	1.586
	大型群	32	10	0.714 ± 0.073	0.001 66 ± 0.001 24	1.032
CO I	中型群	32	11	0.704 ± 0.083	0.001 88 ± 0.001 33	1.169
	合计	64	18	0.707 ± 0.055	0.001 70 ± 0.001 26	1.057

表 5-10　茎柔鱼 SSR 位点多态性

指数	DG02*	DG06	DG07*	DG08	DG09*	DG11	DG18	DG28*	DG29	DG36*	DG38	DG39
N_a	24	31	16	10	15	18	22	22	14	19	28	11
N_e	12.12	13.41	9.62	7.85	3.88	5.54	7.38	8.37	6.02	11.82	15.81	6.05
H_o	0.656	0.859	0.625	0.672	0.531	0.625	0.844	0.766	0.719	0.859	0.625	0.844
H_e	0.925	0.933	0.903	0.880	0.748	0.826	0.871	0.887	0.840	0.923	0.944	0.937
PIC	0.912	0.921	0.887	0.859	0.725	0.797	0.853	0.871	0.821	0.933	0.816	0.909
I	2.77	2.94	2.48	2.14	1.92	2.07	2.45	2.56	2.19	2.65	3.01	2.02

注：* 表示经 Bonferroni 校正后极显著偏离 Hardy-Weinberg 平衡（$P < 0.01$）

表 5-11　基于 SSR 标记的茎柔鱼大型群与中型群遗传多样性

群体	样本数	指数					
		N_a	N_e	H_o	H_e	PIC	I
大型群	32	14.17	7.92	0.716	0.868	0.842	2.267
中型群	32	17.42	8.88	0.721	0.883	0.858	2.406
合计	64	19.17	8.99	0.719	0.877	0.859	2.432

（3）群体间遗传分化。

Cytb 与 CO I 单倍型最小跨度树呈星状结构，各单倍型之间通过单一突变或多步突变相连接，不存在与 2 个群体相对应的单倍型分支（图 5-5）。两两群体间遗传分化系数 F_{st} 分析结果显示，大型群与中型群间不存在显著的遗传差异（Cytb：$F_{st}=0.004\ 52$，$P>0.05$；CO I：$F_{st}=0.000\ 89$，$P>0.05$）。基于微卫星扩增结果也得出相同的结论（$F_{st}=0.002\ 51$，$P>0.05$）。

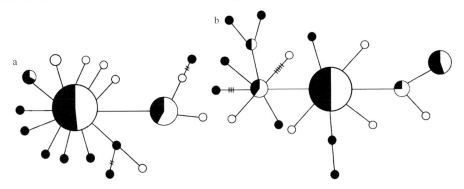

图 5-5　茎柔鱼 CO I（a）与 Cytb（b）单倍型的最小跨度树

注：圆圈面积与单倍型频率成正比，短划线代表单倍型间的核苷酸替换数目，群体：■ 中型群；□ 大型群

3. 讨论

茎柔鱼为全年繁殖，产卵高峰期因所在海域不同而有所差异（Argüelles et al.，2001；叶旭昌和陈新军，2007）。因此，茎柔鱼存在不同的产卵群。而根据性成熟胴长大小又可划分为多个群体，Nigmatullin 等（2001）根据成年雄性与雌性个体的胴长将茎柔鱼划分为 3 个群体：即小型群，胴长分别为 13～26 cm 与 14～34 cm；中型群，胴长分别为 24～42 cm 与 28～60 cm；大型群，

胴长分别为 40～50 cm 与 55～65 cm 至 100～120 cm。本书的大型群与中型群在胴长大小上存在的差异可能与其所在海域水温及食物可利用性等有关，它们在不同的生态系统条件下具有相反的生活史（Keyl et al.，2008）。Argüelles 等（2008）对茎柔鱼性成熟胴长大小的年间差异机制进行研究，认为这种变化与海水表温变化无关，而与它的饵料生物——中层鱼类群体数量的增加息息相关。此外，捕捞也可能对茎柔鱼的种群结构产生影响。作为传统作业渔场，秘鲁海域的渔业历史与智利、墨西哥等海域有着明显的区别（Markaida，2006；Liu et al.，2013）。

mtDNA 标记具有结构简单、母系遗传、进化速率快、几乎不发生重组等特点（刘云国，2009），已应用于茎柔鱼群体遗传变异研究中（闫杰等，2011；刘连为等，2013）。闫杰等（2011）在对东太平洋公海茎柔鱼种群遗传结构研究时发现秘鲁海域大型群遗传多样性略高于小型群，这与本文研究结果有所差异。而 SSR 标记具有高度多态性、共显性、实验操作相对简单等优点，目前并未应用于茎柔鱼群体遗传学分析中。本书基于该标记检测到 2 个群体均具有较高遗传多样性，可见 SSR 标记较 mtDNA 标记具有更高的多态性。2 个遗传标记均检测到 2 个群体不存在显著的遗传分化，二者性腺发育程度一致，它们有可能在产卵洄游过程中发生基因交流（贾涛，2011）。秘鲁海域存在若干个产卵场已见报道（Tafur et al.，2006；Liu et al.，2013）。在以后的研究中应对 2 个群体所在海域水温与饵料生物含量、以及年间捕捞产量等进行比较分析，从而检测海洋环境条件与捕捞压力对茎柔鱼复杂的种群结构的形成所产生的影响，更加合理地开发利用茎柔鱼资源。

三、茎柔鱼赤道海域群体与秘鲁外海群体遗传变异的微卫星分析

1. 材料与方法

（1）实验材料及基因组 DNA 的提取。

茎柔鱼采自赤道海域及秘鲁外海，存放于船舱冷库中并运回至实验室（表 5-12）。取套膜肌肉组织，置于 95% 乙醇中，-20℃ 保存备用。基因组 DNA 提取采用组织/细胞基因组 DNA 快速提取试剂盒（同前）。

表 5-12　茎柔鱼样本采集信息

海域	采样地点	采样时间	平均胴长/cm	平均体质量/g	样本数量
赤道海域	3°N~5°S、114°~120°W	2011-12—2012-04	33.28 ± 9.65	1 378.26 ± 1 096.57	33
秘鲁外海	10°~11°S、82°~84°W	2011-09—2011-10	24.65 ± 1.58	436.41 ± 136.98	33

（2）微卫星 PCR 扩增。

选择本章第一节筛选的 12 个 SSR 位点（DG02、DG06-DG09、DG11、DG18、DG28-DG29、DG36、DG38-DG39）合成 12 对 SSR 引物。PCR 扩增反应体系均为 25 μL，其中 10×PCR Buffer 2.5 μL、Taq DNA polymerase（5U/μL）0.2 μL、dNTP（各 2.5 mmol/L）2 μL、上下游引物（10 μmol/L）各 0.6 μL、DNA 模板 20 ng、ddH$_2$O 补足体积。PCR 反应程序为：94℃预变性 2 min；94℃变性 30 s，退火 30 s，72℃延伸 30 s，35 个循环；72℃最后延伸 2 min。

（3）PCR 产物的纯化、测序及分子量数据的读取。

带有荧光标记的 PCR 产物经过 1.2% 琼脂糖凝胶电泳分离，用 Biospin Gel Extraction Kit 纯化。PCR 纯化产物稀释后与分子量内标（ROX-500）混合，通过 ABI3730XL 全自动 DNA 测序仪进行毛细血管电泳，利用 Genemapper Version 3.5 软件读取微卫星扩增产物的分子量数据。

（4）数据分析。

根据分子量数据确定个体各位点基因型，利用 Popgen 3.2 进行群体遗传学分析，计算等位基因数（N_a），有效等位基因数（N_e），观测杂合度（H_o），期望杂合度（H_e）与 Shannon 多样性指数（Shannon's information index，I）。多态信息含量（PIC）由 Cervus 3.0 软件计算，并采用马尔科夫链（Markov Chain）方法进行 Hardy-Weinberg 平衡检验。利用 Arlequin 3.01 计算群体遗传分化的 F-统计量（F-statistics，F_{st}）。

2. 结果

（1）SSR 位点的多态性。

各位点在 2 个群体中的扩增结果见表 5-13。等位基因数为 13~36 个，观测杂合度介于 0.485~0.879 之间，期望杂合度介于 0.824~0.955 之间。多态

表 5-13　茎柔鱼 SSR 引物特征及 SSR 位点多态性

位点	核心重复序列	引物序列 (5′-3′)	产物大小 (bp)	T_m (℃)	等位基因数 N_a	有效等位基因数 N_e	观测杂合度 H_o	期望杂合度 H_e	GenBank 登录号
DG02	(TAGA)₆	F: GTTGAGGGTGGGTGAGAAGG R: CGCGCACTTGATCACACTTC	177~224	58.5	32	0.712	0.941	0.931	KF922442
DG06	(GT)₁₃	F: TGCTAGGGTCAAACTCTACTCC R: ATCTACTCCCACTGGCGACA	167~231	56.0	28	0.803	0.914	0.900	KF922446
DG07*	(AT)₁₁	F: ATGGCGGCTGCTACCTTTTA R: ACCCAAACACACGTAGCCAA	156~180	55.0	19	0.485	0.895	0.880	KF922447
DG08	(AG)₁₃	F: TGGCAAAGTTAGTACAGATTGA R: ACGTCACCTATAATTGGCCCG	136~166	55.0	14	0.606	0.883	0.864	KF922448
DG09*	(CAG)₈	F: CACCGTCACCATCACCATCA R: GGGAAAGTTACACCCCAAAGG	152~188	58.5	18	0.591	0.858	0.839	KF922449
DG11	(AATG)₆	F: GCCAGCATGATTCGAAAACCC R: CAGAGCCGAACGGAATTGA	209~288	56.0	21	0.667	0.824	0.795	KF922451
DG18	(GAGT)₇	F: TGCAAAATCGGTCACAGCC R: CAAAGGGTTGATGTGCCGTT	143~199	56.5	25	0.803	0.891	0.875	KF922458
DG28	(TTG)₇	F: GCCCGCTAGCTTTGTTCAATTC R: CCCAACCACACGGACGAATA	251~319	55.5	29	0.773	0.914	0.900	KF922468
DG29	(CA)₈···(TG)₈	F: GTCTCTGACCAGCACACGTT R: TCAAGTGTTACAGGGTTCCGT	161~223	56.5	32	0.697	0.882	0.867	KF922469
DG36	(AG)₁₁	F: AAGAGAGTGAGGGTGGCAGA R: TAAAACAGAGACACTCCGCCGT	123~186	58.0	36	0.758	0.955	0.945	KJ000418
DG38	(ACA)₇···(CGT)₅	F: CCAGGTCACGGTGAATCGAA R: ATGAATGACAAAAACAGCGCCG	174~197	58.0	13	0.758	0.853	0.828	KJ000420
DG39	(CTTT)₇	F: CCTCTTCTCTCCCCGTTCACC R: CGGAGGAGGGGTAGAGGTAT	229~267	60.0	20	0.879	0.928	0.916	KJ000421

注：* 表示经 Bonferroni 校正后极显著偏离 Hardy-Weinberg 平衡（$P<0.01$）

信息含量介于 0.795~0.945 之间，均为高度多态性位点（$PIC>0.5$）。经 Bon-ferroni 校正后，位点 DG07 与位点 DG09 极显著偏离 Hardy-Weinberg 平衡（$P<0.01$）。

（2）群体遗传多样性及群体间遗传分化。

2 个地理群体的遗传多样性如表 5-14 所示。赤道海域群体等位基因数、有效等位基因数、观测杂合度、期望杂合度、多态信息含量与 Shannon 多样性指数均略高于秘鲁外海群体，二者均具有较高的遗传多样性。群体间遗传分化系数 F_{st} 值为 0.020 46，属轻微分化（$F_{st}<0.05$），但统计检验极显著（$P<0.01$），表明群体间存在显著的遗传分化。

表 5-14　基于 SSR 标记的茎柔鱼 2 个地理群体遗传多样性

群体	样本数	指数					
		N_a	N_e	H_o	H_e	PIC	I
赤道海域	33	18.58	9.41	0.725	0.897	0.873	2.484
秘鲁外海	33	17.58	8.82	0.697	0.874	0.848	2.377

3. 讨论

SSR 标记作为群体遗传学研究的重要分子标记已在柔鱼科其他种类的种内遗传变异方面得以广泛应用，显示出较高多态性（刘连为等，2014；Ad-cock et al.，1999）。本书筛选的 12 个 SSR 位点均具较高多态性（$PIC>0.5$），适用于茎柔鱼群体遗传学分析。位点 DG07 与位点 DG09 极显著偏离 Hardy-Weinberg 平衡（$P<0.01$），且均检测到纯合体个体过剩。因此，这 2 个位点很可能存在无效等位基因。无效等位基因会对群体遗传学参数造成显著影响，可降低群体遗传多样性以及增大群体间遗传分化系数（文亚峰等，2013）。去除这 2 个位点，采用剩余 10 个 SSR 位点对 2 个地理群体进行遗传变异分析。结果显示，2 个群体遗传多样性均有所增加，群体间遗传分化系数降为 0.0105，但统计检验仍极显著（$P<0.01$），群体间存在显著的遗传分化。这与利用 mtDNA 标记得出的结论相反。SSR 标记在群体间遗传分化检测方面较其他分子遗传标记更敏感，能够检测出其他分子遗传标记不能反映的种群遗传结构，这在其他头足类群体间遗传分化检测中已见报道。Kassahn 等（2003）利用 mtDNA 细胞色素氧化酶Ⅲ（COⅢ）标记研

究澳大利亚巨乌贼种群结构，检测到南澳大利亚/维多利亚群体与新南威尔士群体间遗传分化不显著，而基于 SSR 标记检测到 2 个群体间的遗传分化显著。在以后的研究中可通过重新设计 SSR 引物从根本上消除无效等位基因的影响。

海流是重要的海洋环境因子，它的存在可作为物理屏障限制群体的扩散，从而阻碍群体间发生基因交流（Bowen 和 Grant，1997），如北太平洋黑潮以及直布罗陀海峡与地中海西部的不同流系交汇形成的海洋锋面等（Aoki et al.，2008；Dillane et al.，2005）。太平洋赤道海域近表层存在着南北赤道流，在这2 股海流之间存在着反方向流动的赤道逆流（陈长胜，2003）。而且赤道近表混合层底部的温跃层内存在着自西向东的赤道潜流，这些海流的存在有可能对茎柔鱼种群遗传结构的塑造产生重要影响。

茎柔鱼资源丰富，该渔业资源集中分布于加利福尼亚湾到智利北部海域（Nigmatullin et al.，2001）。2004—2011 年世界茎柔鱼总产量维持在 64万~90 万 t 之间（FAO）。我国鱿钓船主要在秘鲁外海进行生产作业，由于海洋环境年间发生显著变化，从而导致茎柔鱼年间产量发生巨大波动（徐冰等，2012）。2004 年在该海域的产量达到 20.56 万 t，此后连续 5 年产量不足 10 万 t，2013 年产量增加到 24.22 万 t[①]。因此，确定茎柔鱼的种群遗传结构是该渔业资源合理开发与科学管理的基础。基于本文的群体遗传学研究结果，今后在对东太平洋茎柔鱼资源进行评估与管理时，应将赤道海域群体与秘鲁外海群体看作 2 个管理单元。东太平洋茎柔鱼存在不同的产卵群及性成熟胴长群体，本文采集的赤道海域群体在时空分布上的范围较大，并不能确定为同一繁殖群。因此，在以后的研究中可通过多艘作业船同期在赤道海域不同地理位置采集样本。同时，基于生物学及耳石轮纹结构来确定群体组成，以期更加真实地反映茎柔鱼的群体遗传结构。

---

① 上海海洋大学鱿钓技术组，2013 年度秘鲁海域茎柔鱼生产总结。

第三节　东太平洋茎柔鱼分子系统地理学研究

一、材料与方法

1. 实验材料与基因组 DNA 的提取

实验样本同表 5-12，其中，赤道海域茎柔鱼样本数为 34，秘鲁外海茎柔鱼样本数为 33。基因组 DNA 提取采用组织/细胞基因组 DNA 快速提取试剂盒（同前）。

2. PCR 扩增

COI基因扩增引物为自行设计，COIF：5'-ATCCCATGCAGGCCCTTCAG-3'，COIR：5'-GCCTAATGCTCAGAGTATTGGGG-3'。Cyt$b$ 基因扩增引物引自闫杰等（2011），Cyt$b$F：5'-ACGCAAAATGGCATAAGCGA-3'，Cyt$b$R：5'-AGTTGTTCAGGTTGCTAGGGGA-3'。PCR 扩增反应体系均为 25 μL，其中 10× PCR Buffer 2.5 μL、Taq DNA polymerase（5U/μL）0.2 μL、dNTP（各 2.5 mmol/L）2μL、上下游引物（10μmol/L）各 0.6μL、DNA 模板 20 ng、ddH$_2$O 补足体积。PCR 反应程序均为：94℃预变性 2 min；94℃变性 30 s，58℃退火 45 s，72℃延伸 45s，35 个循环；72℃最后延伸 2 min。

3. PCR 产物的纯化与测序

PCR 产物经过 1.2%琼脂糖凝胶电泳分离，用 Biospin Gel Extraction Kit 纯化后进行双向测序，测序仪为 ABI3730 基因分析仪。茎柔鱼哥斯达黎加群体测序结果引自闫杰等（2011）。

4. 数据分析

测序结果使用 ClustalX 1.83 软件进行比对并辅以人工校对。采用 MEGA 4.0 软件中的 Statistics 统计 DNA 序列的碱基组成，利用 TrN+G 模型计算净遗传距离。单倍型数、单倍型多样性指数（h）、核苷酸多样性指数（π）、平均核苷酸差异数（k）等遗传多样性参数由 DnaSP 4.10 软件计算。通过构建最小跨度树来反映不同单倍型间的连接关系，单倍型间的关系和核苷酸差异数由 Arlequin 3.01 软件计算，并利用该软件计算群体间遗传分化系数 F_{st} 及其显著性（重复次数 1000）。采用 Tajima's D 与 Fu's Fs 中性检验和核苷酸不配对分布（mismatch distribution）检测柔鱼群体的历史动态。群体历史扩张时间用

参数 τ 进行估算，参数 τ 通过公式 $\tau = 2ut$ 转化为实际的扩张时间，其中 u 是所研究的整个序列长度的突变速率，t 是自群体扩张开始到现在的时间。Cytb 基因的核苷酸分歧速率采用 2.15%～2.6%/百万年。

二、结果

1. 序列分析

经 PCR 扩增，得到 Cytb 基因片段的扩增产物，纯化后经测序和序列比对得到 724 bp 的可比序列。在所有分析序列中，A、T、G、C 碱基的平均含量分别为 43.97%、23.61%、12.25%、20.17%，其中 A+T 含量（67.58%）明显高于 G+C 含量（32.42%）（表 5-15）。在 Cytb 基因片段中检测到 18 个变异位点，其中单碱基变异位点 9 个，简约信息位点 9 个。转换和颠换分别为 16 个和 2 个，无插入和缺失。这些变异位点共定义了 21 个单倍型，其中单倍型 H3、H4 与 H7 为所有群体共享单倍型，其余单倍型均为单个个体所有（表 5-16）。

表 5-15　茎柔鱼 CO I 与 Cytb 基因片段序列组成

基因	片段长度（bp）	基因序列数	碱基含量（%）					
			A	T	G	C	A+T	G+C
CO I	622	67	27.69	36.67	15.39	20.25	64.36	35.64
Cytb	724	67	43.97	23.61	12.25	20.17	67.58	32.42

按照 Cytb 基因序列分析方法，获得 CO I 基因片段 622 bp 的可比序列。在所有分析序列中，A、T、G、C 碱基的平均含量分别为 27.69%、36.67%、15.39%、20.25%，其中 A+T 含量（64.36%）明显高于 G+C 含量（35.64%）（表 5-15）。在 CO I 基因片段中检测到 20 个变异位点，其中单碱基变异位点 14 个，简约信息位点 6 个。转换和颠换分别为 17 个和 3 个，无插入和缺失。这些变异位点共定义了 19 个单倍型，其中单倍型 H1、H5 与 H6 为所有群体共享单倍型（表 5-17）。单倍型序列分歧值较低，与单倍型 H1 相比，其余 18 个单倍型中有 9 个与它只存在 1 个核苷酸的差异。

表 5–16　茎柔鱼 *Cytb* 单倍型及其在群体中的分布

单倍型	088	099	100	113	151	187	198	250	292	337	343	418	475	487	489	580	613	619	赤道海域	秘鲁外海	n
H1	G	A	A	T	A	G	T	G	C	T	A	A	T	T	A	G	C	C	1		1
H2	.	G	.	.	G	.	.	.	.	.	G	.	.	.	.	.	.	.	1		1
H3	.	.	.	A	G	.	.	.	.	.	G	.	.	.	.	.	.	.	5	5	10
H4	.	.	.	A	G	A	.	.	.	.	.	.	.	.	.	.	.	.	14	16	30
H5	.	.	.	A	G	A	.	.	.	.	.	.	.	G	.	.	.	.	1		1
H6	.	.	.	A	G	.	.	.	.	.	G	.	.	.	.	A	.	.	1		1
H7	.	.	.	A	G	A	.	.	.	.	G	.	.	.	.	.	.	.	7	2	9
H8	.	.	.	A	G	.	.	.	.	.	.	.	.	.	.	.	.	.	1		1
H9	.	.	.	A	G	A	.	.	T	C	G	.	.	.	.	.	.	.	1		1
H10	.	.	.	A	G	A	A	.	.	.	.	.	.	C	.	.	.	.	1		1
H11	.	.	.	A	G	A	A	.	.	.	.	.	.	.	.	.	.	.	1		1
H12	.	.	.	A	G	A	.	.	.	.	G	.	.	.	.	.	.	.		1	1
H13	A	.	.	A	G	A	.	.	.	.	G	.	.	.	.	.	.	.		1	1
H14	.	.	.	A	G	A	.	.	.	.	G	G	.	.	.	.	.	.		1	1
H15	.	.	.	A	G	.	.	.	.	.	G	C	.	.	.	.	.	.		1	1
H16	.	.	G	A	G	A	.	.	.	.	G	.	.	.	.	.	T	T		1	1
H17	A	.	.	A	G	A	.	.	.	.	.	.	.	.	.	.	.	.		1	1
H18	.	.	.	A	.	.	.	.	.	.	G	.	.	.	.	.	.	.		1	1
H19	.	.	.	A	G	A	.	.	.	C	G	.	.	.	.	.	.	.		1	1
H20	.	.	.	A	G	A	.	.	.	.	.	.	.	C	.	.	.	.		1	1
H21	.	.	.	A	G	A	.	A	.	.	G	.	.	.	.	.	.	.		1	1

表 5-17　茎柔鱼 CO I 单倍型及其在群体中的分布

单倍型	变异位点																				单倍型分布情况		
	0	0	0	1	1	1	2	2	2	2	3	3	4	4	4	5	5	5	5	5	赤道海域	秘鲁外海	n
	4	6	8	4	6	7	6	6	7	7	4	8	0	9	9	1	2	2	3	3			
	7	4	2	2	0	9	5	8	1	2	1	9	8	1	5	3	9	8	5	8			
H1	C	T	C	G	T	C	G	A	A	G	G	G	A	A	G	G	G	T	C	A	14	18	32
H2	.	.	.	.	.	G	.	.	.	.	.	.	.	.	.	.	.	.	.	.		1	1
H3	.	.	.	.	T	.	.	.	.	.	.	.	.	.	.	.	.	.	.	.		1	1
H4	.	.	.	.	.	.	.	.	.	.	.	.	.	.	.	.	.	.	G	.		1	1
H5	.	.	.	.	.	.	.	.	.	.	.	.	A	.	.	.	.	.	.	.	4	4	8
H6	.	T	.	.	.	.	.	.	.	.	.	.	.	.	.	.	.	.	.	.	2	2	4
H7	.	.	.	.	.	G	.	.	.	.	A	.	.	.	A	.	A	.	.	.		2	2
H8	.	.	.	.	.	G	G	.	.	.	A	.	.	.	.	.	.	.	.	.		1	1
H9	.	.	.	.	.	.	.	.	.	.	.	.	.	.	.	.	.	T	.	.		1	1
H10	.	.	.	A	.	.	.	.	.	.	.	.	.	.	.	.	.	.	.	.		1	1
H11	.	.	.	.	.	.	.	.	.	.	.	.	.	.	.	.	C	.	.	.		1	1
H12	T	.	.	.	.	.	.	.	.	.	.	.	A	.	.	.	.	.	.	.	2		2
H13	.	.	.	.	.	.	.	.	.	G	.	.	A	.	.	.	.	.	.	.	2		2
H14	.	.	.	.	.	G	.	A	.	.	.	.	A	.	.	.	.	.	.	.	2		2
H15	.	.	.	.	.	G	.	A	C	A	.	.	.	.	A	C	.	.	.	.	2		2
H16	.	.	.	.	.	.	.	.	.	G	.	.	.	.	.	.	.	.	.	.	2		2
H17	.	A	.	.	C	.	.	.	.	.	.	.	.	.	.	.	.	.	.	.	2		2
H18	.	.	.	.	.	.	.	.	A	G	.	.	.	.	.	.	.	.	.	.		1	1
H19	.	.	.	.	.	.	.	.	.	.	.	.	G	.	.	A	.	.	.	.		1	1

2. 群体遗传多样性

基于 Cytb 基因片段所有序列得到的 2 个群体总的单倍型数、单倍型多样性指数、核苷酸多样性指数及平均核苷酸差异数分别为 21、0.767 ± 0.047、0.002 24 ± 0.001 44 和 1.548。基于 CO I 基因片段所有序列得到的结果分别为 19、0.743 ± 0.055、0.002 67 ± 0.001 78 和 1.658。由表 5-18 可以看出，赤道海域群体的单倍型多样性指数、核苷酸多样性指数及平均核苷酸差异数均高于秘鲁外海群体。

表 5-18　基于 Cyt*b* 与 CO I 基因片段序列的茎柔鱼 2 个地理群体遗传多样性

基因	群体	样本数量	单倍型数	单倍型多样性指数（*h*）	核苷酸多样性指数（*π*）	平均核苷酸差异数（*k*）
Cyt*b*	赤道海域	34	11	0.783 ± 0.055	0.002 39 ± 0.001 36	1.568
	秘鲁外海	33	13	0.752 ± 0.075	0.002 14 ± 0.001 15	1.549
	合计	67	21	0.767 ± 0.047	0.002 24 ± 0.001 44	1.548
CO I	赤道海域	34	11	0.815 ± 0.060	0.003 57 ± 0.002 25	2.223
	秘鲁外海	33	11	0.663 ± 0.090	0.001 76 ± 0.001 12	1.095
	合计	67	19	0.743 ± 0.055	0.002 67 ± 0.001 78	1.658

3. 群体间遗传分化

由 Cyt*b* 与 CO I 单倍型最小跨度树可以看出，茎柔鱼种群内不存在显著分化的单倍型类群，各单倍型之间通过单一突变和多步突变相连接，最小跨度树呈星状结构，提示茎柔鱼可能经历过群体扩张事件（图 5-6）。结合闫杰等（2011）获得的茎柔鱼哥斯达黎加群体 Cyt*b* 基因测序结果构建 3 个地理群体的单倍型邻接进化树，图 5-7 显示，秘鲁外海群体与赤道海域群体间不存在显著分化的单倍型类群，哥斯达黎加外海群体有 2 个单倍型形成 1 个显著分化单倍型类群。两两群体间遗传分化系数 F_{st} 分析结果显示，赤道海域群体与秘鲁外海群体不存在显著的遗传分化（Cyt*b*：$F_{st}=0.013\ 76$，$P>0.05$；CO I：$F_{st}=0.021\ 60$，$P>0.05$）（表 5-19）。

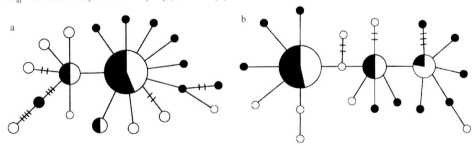

图 5-6　茎柔鱼 CO I（a）与 Cyt*b*（b）单倍型的最小跨度树

注：圆圈面积与单倍型频率成正比，短划线代表单倍型间的核苷酸替换数目，群体：■ 秘鲁外海；□ 赤道海域

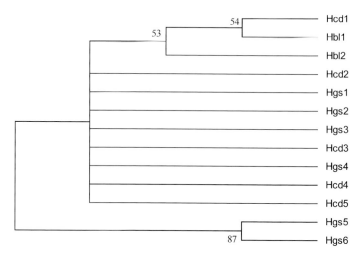

图 5-7　基于茎柔鱼 Cytb 单倍型构建的邻接进化树

注：Hcd、Hbl、Hgs 分别为赤道海域群体、秘鲁外海群体、哥斯达黎加外海群体单倍型

表 5-19　茎柔鱼 2 个地理群体间遗传分化系数 F_{st}

群体	赤道海域	秘鲁外海
赤道海域	–	0.021 60（$P>0.05$）
秘鲁外海	0.013 76（$P>0.05$）	–

注：对角线下为 Cytb 基因片段序列分析结果，对角线上为 CO I 基因片段序列分析结果

4. 群体历史动态

基于 Cytb 基因片段序列的 Tajima's D 和 Fu's F_s 中性检验 D 值和 F_s 值均为负，且统计检验均显著（表 5-20）。核苷酸不配对分布分析结果表明，Cytb 单倍型核苷酸不配对分布呈单峰类型（图 5-8），且观测值没有明显偏离模拟值（Hri=0.0317；$P=0.673$）。以上结果表明，茎柔鱼可能经历过近期群体扩张事件。

表 5-20　茎柔鱼 Cytb 基因的中性检验结果

基因	群体	Tajima's D		Fu's F_s	
		D	P	F_s	P
Cytb	赤道海域	−1.330	0.091	−27.656	0.000
	秘鲁外海	−1.502	0.061	−27.590	0.000
	合计	−1.774	0.027	−17.926	0.000

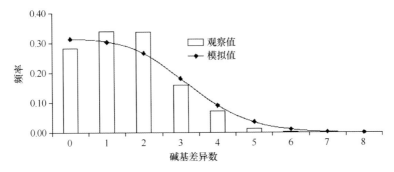

图 5-8　茎柔鱼 Cytb 单倍型的核苷酸不配对分布图

注：柱形为观测值，曲线为群体扩张模型下的预期分布

三、讨论

1. 种群遗传结构

刘必林（2012）根据东太平洋不同海区茎柔鱼主要生活史时期耳石微量元素的差异将哥斯达黎加与墨西哥海域茎柔鱼划为北半球种群，将秘鲁和智利外海茎柔鱼划为南半球种群。而根据缠卵腺指数、性腺指数、性成熟胴长和年龄分析认为，哥斯达黎加外海存在 1 个小型群，秘鲁外海存在 1 个中型群和 1 个大型群，智利外海存在 1 个大型群。本书所取赤道海域茎柔鱼为小型群，秘鲁外海茎柔鱼为中型群。基于 mtDNA 标记得出 2 个地理群体不存在显著的遗传分化，而通过与闫杰等（2011）研究结果进行比较，两两群体间 F_{st} 值及统计检验结果显示，赤道海域茎柔鱼与哥斯达黎加外海群体存在显著的遗传分化（Cytb：$F_{st} = 0.073\ 28$，$P < 0.05$；CO I：$F_{st} = 0.094\ 96$，$P < 0.05$），秘鲁外海茎柔鱼与哥斯达黎加外海群体也存在显著的遗传分化（Cytb：$F_{st} = 0.020\ 14$，$P < 0.05$；CO I：$F_{st} = 0.032\ 57$，$P < 0.05$）。基于 SSR 标记得出赤道海域茎柔鱼与秘鲁外海群体存在显著的遗传分化，SSR 标记在群体间遗传分化检测方面较其他分子遗传标记更敏感，能够检测出其他分子遗传标记不能反映的种群遗传结构。这在其他头足类群体间遗传分化检测中已见报道。Kassahn 等（2003）利用 mtDNA 细胞色素氧化酶Ⅲ（COⅢ）标记研究澳大利亚巨乌贼种群遗传结构，检测到南澳大利亚/维多利亚群体与新南威尔士群体间遗传分化不显著，而基于 SSR 标记检测到 2 个群体存在显著的遗传分化。

2. 茎柔鱼的生活史特征及栖息地海洋环境条件

海洋生物通常在非常广阔的分布范围内表现出很低的遗传分化，茎柔鱼具有较强的游泳能力及长距离的季节洄游习性（Stewart et al.，2013），这些有助于群体间产生频繁的基因交流。刘必林（2012）根据耳石微量元素的沉积与捕捞地点 SST 关系对智利海域茎柔鱼的洄游路线进行重建，推测茎柔鱼稚鱼期在智利北部沿岸保育（20°S），亚成鱼期向南洄游至智利中部沿岸（28°S），成鱼期向西洄游至专属经济区以外（74°—77°W、27°—29°S），最后再向北洄游至索饵场（74°—77°W、22°—24°S），总体遵循南北和东西向的洄游原则（图 5-9）。同样的洄游模式布也出现在厄瓜多尔和秘鲁海域。根据单位捕捞努力量（CPUE）与海洋环境关系的分析，推测东南太平洋茎柔鱼春季索饵场位于 15°S、77°W 附近海域，夏季位于 24°—26°S、75°—78°W 海域，秋季位于秘鲁沿岸 12°—16°S 和智利中部 28°S 附近海域，冬季位于秘鲁沿岸 13°—18°S 海域。而根据各采样点性成熟雌性个体比例分析认为，哥斯达黎加外海是北半球茎柔鱼的重要产卵场，南半球除了 3°—8°S 和 12°—17°S 海域 2 个主要的产卵场外，在秘鲁和智利外海 11°S 和 30°S 海域存在 2 个次要产卵场。由此可以看出，茎柔鱼存在多个产卵季节—地理群体，种群结构较复杂。

海流是重要的海洋环境因子，它的存在可作为物理屏障限制群体的扩散，从而阻碍群体间发生基因交流，如北太平洋黑潮以及直布罗陀海峡与地中海西部的不同流系交汇形成的海洋锋面等（Aoki et al.，2008；Dillane et al.，2005）。太平洋赤道海域近表层存在着南北赤道流，在这 2 股海流之间存在着反方向流动的赤道逆流（陈长胜，2003）。而且赤道近表混合层底部的温跃层内存在着自西向东的赤道潜流，赤道逆流与赤道潜流向东流入哥斯达黎加海丘及巴拿马海盆环流，这些海流的存在有可能对茎柔鱼种群遗传结构的塑造产生重要影响（图 5-10）。

3. 群体历史动态

基于茎柔鱼 Cytb 单倍型核苷酸不配对分布的 τ 值为 3.588 计算得到茎柔鱼发生群体扩张事件的时间在 12.5 万 ~15.1 万年前，处于更新世晚期，全球气候及海洋环境变化对许多海洋生物的空间分布格局产生重大影响。茎柔鱼种群内存在 1 个显著分化的单倍型类群分支，这与各地理群体间是否存在显著的遗传分化一致，表明茎柔鱼哥斯达黎加群体与秘鲁外海和赤道海域群体在更新世形成隔离，而秘鲁外海和赤道海域群体的种群遗传结构模式主要是由当前因素造成的，受历史因素影响较小。Sandoval-Castellanos（2010）认

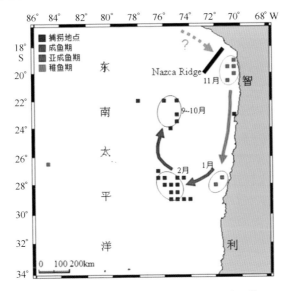

图 5-9　智利海域茎柔鱼洄游路线推测图（刘必林，2012）

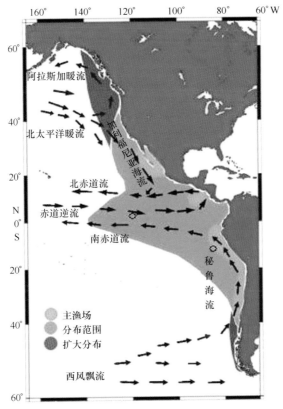

图 5-10　东太平洋茎柔鱼所在海域海流系统（日本水产厅，2013）

为，茎柔鱼南北 2 个种群发生分化的时间为 6000~9000 年前，2 个种群较短的分化时间可以通过海洋学、生物学因素来解释。

鉴于东太平洋赤道海域复杂的海洋环境，为了更加准确地分析该海域茎柔鱼系统地理格局，建议今后对该海域茎柔鱼资源的时空分布进行多航次的生产调查，并采用具有较高多态性的 SSR 标记对群体间的遗传分化进行研究。

第六章　三种经济柔鱼类分子系统学研究

一、分子系统学及其在头足类中的应用

系统学（systematics）是研究生物体之间的进化与遗传关系的学科，包含种内及种间多样性的研究（陈军等，2013）。系统学的研究方法不断发展，基于物种的形态学和行为学的差异来研究物种的系统进化最为普遍。陈新军（2002）对西北太平洋165°E以西海域的柔鱼样本采用鳍长、鳍宽、眼径、右1腕长、右2腕长、右3腕长、右4腕长和右触腕穗长与胴长的比值8个形态特征指标值，利用灰色变权聚类法对柔鱼种群结构进行了初步的划分。聚类结果表明，西北太平洋海域柔鱼明显存在2个种群，变异系数变化值在2.54%~9.15%间。而利用硬组织（角质颚、耳石）的形态差异及其所含有的微量元素含量变化来研究头足类的种群结构是近年来研究的热点（陆化杰等，2012）。

分子生物学的快速发展使得生物大分子在系统进化研究上的作用越来越重要，如核酸、蛋白质都可作为遗传标记来解释种群的遗传结构。这些生物大分子含有大量的有效遗传信息，分子系统学（molecular systematics）基于这些遗传信息从分子水平上探讨物种的系统进化关系。同功酶电泳方法的出现使得蛋白质标记在分子系统学中得以广泛应用。Martínez等（2005）利用等位酶标记对滑柔鱼属7个种群的系统进化进行研究，NJ进化树与UPGMA聚类分析显示滑柔鱼和尖狭滑柔鱼（*Illex oxygonius*）为姊妹种与阿根廷滑柔鱼的亲缘关系较近，而科氏滑柔鱼形成一个独立的分支。

随着PCR扩增技术及DNA测序技术的发展，核苷酸序列分析方法在头足类分子系统学中得以广泛应用。mtDNA中的16S rRNA、12S rRNA、CO Ⅰ、CO Ⅲ、Cytb、非编码区基因序列分析已广泛应用于头足类系统发育研究中（Oosthuizen et al.，2004；Lindgren et al.，2005；Anderson et al.，2007；

Espiñeira et al., 2010)。如王鹤等（2011）利用 CO I 基因序列分析研究中国近海习见头足类分子系统进化。郑小东（2001）利用 CO I 与 16S rRNA 基因序列分析研究中国沿海乌贼类系统发生。在核基因序列分析方面，Warnke 等（2003）通过构建 3 种不同进化树（NJ、MP、ML）对旋壳乌贼（*Spirula spirula*）及其他外类群的 18S rDNA 基因序列进行分析，以研究旋壳乌贼在系统发育过程中所处的地位。此外，Strugnell 等（2008）结合 mtDNA 和核基因序列分析 2 种方法对南大洋奇爱尔斗蛸属（*Thaumeledone*）种类的分子进化关系与头足类系统发育进行研究。

二、柔鱼类分子系统学研究

柔鱼类多为大洋性种类，在海洋生态系统中占据着举足轻重的地位（Coll et al., 2013）。柔鱼类外部形态特征相似，不易辨别，尤其在幼虫阶段。国内外学者分别利用角质颚形态差异与 RFLP 标记技术对其进行鉴定（Chen et al., 2012；Wakabayashi et al., 2006）。而关于柔鱼类分子系统学研究主要见于 CO I 与 16S rRNA 基因序列分析，基于核基因序列分析的未见报道。本章节测定柔鱼、阿根廷滑柔鱼与茎柔鱼的 16S rRNA、Cytb 以及 28S rDNA 基因片段序列，比较分析 3 种柔鱼类种间遗传分化程度及分化年代，并从 GenBank 上下载柔鱼类其他种类 16S rRNA 与 28S rDNA 基因片段序列从而探讨种间的系统进化关系。

1. 材料与方法

（1）样本采集与基因组 DNA 的提取。

样本采集时间及地点见表 6-1。取套膜肌肉组织置于 95% 乙醇中，于 -20℃ 条件下保存备用。基因组 DNA 的提取采用组织/细胞基因组 DNA 快速提取试剂盒（同前）。

表 6-1　3 种柔鱼类样本采集信息

物种	采样时间	采样地点	样本数
柔鱼	2011-06	166°30′E~178°00′W、38°50′~39°30′N	30
茎柔鱼	2011-12	3°N~5°S、114°~120°W	30
阿根廷滑柔鱼	2012-04	60°16′~60°49′W、45°17′~47°20′S	25

（2）PCR 扩增及测序。

根据 GenBank 上登录的 3 种柔鱼类的 16S rRNA、Cytb 与 28S rDNA 基因片段序列自行设计引物，引物序列及退火温度见表 6-2。PCR 扩增反应体系均为 25 μL，其中 10×PCR Buffer 2.5μL、*Taq* DNA polymerase（5U/μL）0.2 μL、dNTP（各 2.5 mmol/L）2 μL、上下游引物（10 μmol/L）各 0.6 μL、DNA 模板 20 ng、ddH₂O 补足体积。PCR 反应程序均为：94℃预变性 2 min；94℃变性 30 s，退火 45 s，72℃延伸 45 s，35 个循环；72℃最后延伸 2 min。PCR 产物经过 1.2%琼脂糖凝胶电泳分离，用 Biospin Gel Extraction Kit 纯化后进行双向测序。

表 6-2　3 个基因片段 PCR 扩增引物及其退火温度

基因	上游引物序列（5′-3′）	下游引物序列（5′-3′）	T_m（℃）
16S rRNA	GAATAAGTTTTTAACAGCTGCGG	TTACCTACTAAAGCTTCTGCACC	56
Cytb	TA/T/GGAGACTTGAAATATC/TGGGGTA/T/GG	GAATCACCCAAAACATTAGGAA（*I. argentinus*） GGTTTAATATGTAG/AGGGGTC/TACT（*O. bartramii*，*D. gigas*）	59
28S rDNA	AGGCGTAGCGAAAGCGAGAGA	TTCCGACGATCGATTTGCACG	59

（3）数据分析。

测序结果使用 ClustalX 1.83 软件进行比对并辅以人工校对。采用 MEGA 4.0 软件中的 Statistics 统计 DNA 序列的碱基组成，利用 TrN+G 模型计算净遗传距离。单倍型数、单倍型多样性指数（h）、核苷酸多样性指数（π）、平均核苷酸差异数（k）等遗传多样性参数由 DnaSP 4.10 软件计算。利用邻接法、最大简约法、最大似然法重建 16S rRNA 与 28S rDNA 基因片段序列的系统树。种间分化时间的估算以基于 Kimura 双参数法计算的种间净遗传距离为基础，将 2.15%~2.6%/百万年的核苷酸分歧速率应用于 Cytb 基因片段序列上。

2. 结果

（1）序列分析。

经比对排序所得同源片段序列长度分别为 444 bp（16S rRNA）、430 bp（Cytb）、464 bp（28S rDNA）。部分序列已提交到 GenBank 上，登录号为 KF555289-KF555321。在 16S rRNA 基因片段上，柔鱼存在 3 个单倍型，茎柔鱼存在 4 个单倍型，阿根廷滑柔鱼种内个体间无碱基差异。在 Cytb 基因片段上，柔鱼存在 5 个单倍型，茎柔鱼与阿根廷滑柔鱼均存在 3 个单倍型。在 28S rDNA 基因片段上，柔鱼与茎柔鱼均存在 13 个单倍型，阿根廷滑柔鱼存在 7 个单倍型。核苷酸组成分析结果表明，3 种柔鱼类在 3 个基因片段上的核苷酸组成差异不显著，在 mtDNA 2 个基因片段上的 A+T 含量均明显高于 G+C 含量，而在 28S rDNA 基因片段上的 A+T 含量明显低于 G+C 含量（表 6-3）。

表 6-3　3 种柔鱼类 16S rRNA、Cytb、28S rDNA 基因片段序列的核苷酸组成

物种名称	16S rRNA （%）				Cytb （%）				28S rDNA （%）			
	A	T	G	C	A	T	G	C	A	T	G	C
柔鱼	34.16	35.74	19.78	10.32	22.62	40.52	23.09	13.77	16.12	21.04	33.48	29.36
茎柔鱼	35.73	36.28	18.20	9.79	24.19	44.72	20.93	10.16	16.33	20.41	33.54	29.72
阿根廷滑柔鱼	37.44	37.22	16.37	8.97	24.87	46.78	18.62	9.73	16.91	21.38	33.17	28.54

3 种柔鱼类在 3 个基因片段序列上存在不同程度的遗传分化（表 6-4）。在 16S rRNA 基因片段上，三种间共检测到 41 个多态位点（包括简约信息位点 39 个）与 3 处碱基插入/缺失，这些多态位点定义了 32 处转换和 9 处颠换。在 Cytb 基因片段上，三种间共检测到 90 个多态位点（全部为简约信息位点），定义了 70 处转换数和 34 处颠换，无碱基的插入/缺失。3 种柔鱼类在该基因片段上检测到的核苷酸替代均发生在密码子第三位点上，而且未引起氨基酸替代（图 6-1）。在 28S rDNA 基因片段上，三种间共检测到 31 个多态位点（全部为简约信息位点）与 47 处碱基插入/缺失，定义了 25 处转换和 9 处颠换。

表 6-4　3 个基因片段序列多态性

基因	片段长度（bp）	插入/缺失位点	多态位点	简约信息位点	单倍型数	转换/颠换
16S rRNA	444	3	41	39	8	32/9
Cytb	430	0	90	90	11	70/34
28S rDNA	464	47	31	31	33	25/9

从 GenBank 上检索并下载柔鱼科鸢乌贼、滑柔鱼、太平洋褶柔鱼、双柔鱼的 16S rRNA 基因序列以及鸢乌贼的 28S rDNA 基因序列作比较（GenBank 登录号分别为 EU735249.1、HQ733953.1、AB191134.1、AB270953.1、

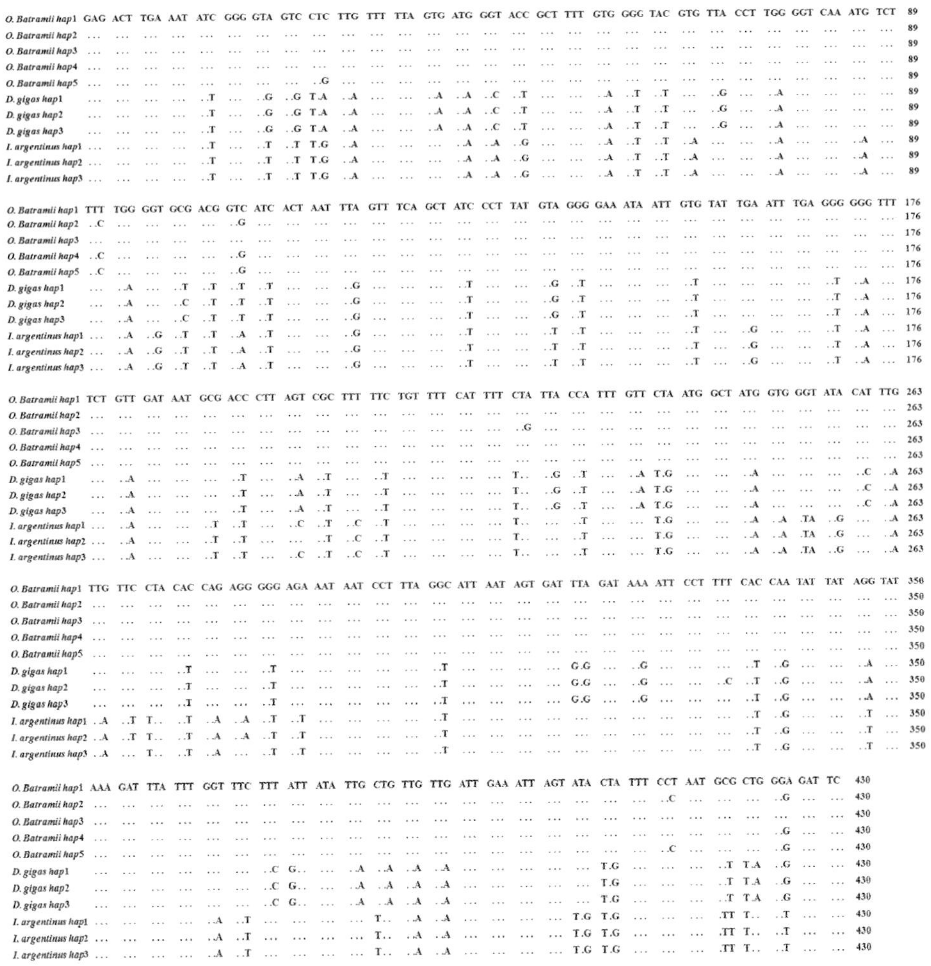

```
O. Batramii hap1  GAG ACT TGA AAT ATC GGG GTA GTC CTC TTG TTT TTA GTG ATG GGT ACC GCT TTT GTG GGG TAC GTG TTA CCT TGG GGT CAA ATG TCT  89
O. Batramii hap2  ...                                                                                                                  89
O. Batramii hap3  ...                                                                                                                  89
O. Batramii hap4  ...                                                                                                                  89
O. Batramii hap5  ...                              .G                                                                                 89
D. gigas hap1     ... .T    .G .G T.A    .A    .A .A    .A    .A .T .T    .G    .A                                                     89
D. gigas hap2     ... .T    .G .G T.A    .A    .A .A    .A    .A .T .T    .G    .A                                                     89
D. gigas hap3     ... .T    .G .G T.A    .A    .A .A    .A    .A .T .T    .G    .A                                                     89
I. argentinus hap1 ... .T    .T .T.G    .A    .A .A    .A    .A .T    .A                                                               89
I. argentinus hap2 ... .T    .T .T.G    .A    .A .A    .A    .A .T    .A                                                               89
I. argentinus hap3 ... .T    .T .T.G    .A    .A .A    .A    .A .T    .A                                                               89

O. Batramii hap1  TTT TGG GGT GCG ACG GTC ATC ACT AAT TTA GTT TCA GCT ATC CCT TAT GTA GGG GAA ATA ATT GTG TAT TGA ATT TGA GGG GGG TTT 176
O. Batramii hap2  .C                                                                                                                  176
O. Batramii hap3  ...                                                                                                                 176
O. Batramii hap4  .C                                                                                                                  176
O. Batramii hap5  ...                                                                                                                 176
D. gigas hap1     ... .A    .T    .T .T    .G .A    .T .A                                                                             176
D. gigas hap2     ... .A    .C    .T .T    .G .A    .T .A                                                                             176
D. gigas hap3     ... .A    .T    .T .T    .G .A    .T .A                                                                             176
I. argentinus hap1 ... .A .G    .T .A    .A    .T    .G    .T .A                                                                       176
I. argentinus hap2 ... .A .G    .T .A    .A    .T    .G    .T .A                                                                       176
I. argentinus hap3 ... .A .G    .T .A    .A    .T    .G    .T .A                                                                       176

O. Batramii hap1  TCT GTT GAT AAT GCG ACC CTT AGT CGC TTT TTC TGT TTT CAT TTT CTA TTA CCA TTT GTT CTA ATG GCT ATG GTG GGT ATA CAT TTG 263
O. Batramii hap2  ...                                                                                                                 263
O. Batramii hap3  ...                    .G                                                                                           263
O. Batramii hap4  ...                                                                                                                 263
O. Batramii hap5  ...                                                                                                                 263
D. gigas hap1     ... .A    .A .T    .G .T    .A T.G    .A    .C .A 263
D. gigas hap2     ... .A    .A .T    T.. .G .T    .A T.G    .A    .C .A 263
D. gigas hap3     ... .A    .A .T    .G .T    .A T.G    .A    .C .A 263
I. argentinus hap1 ... .A    .T .A    .T .C .T    T.G    .A .A .TA .G    .A 263
I. argentinus hap2 ... .A    .T .A    .T .C .T    T.G    .A .A .TA .G    .A 263
I. argentinus hap3 ... .A    .T .A    .T .C .T    T.G    .A .A .TA .G    .A 263

O. Batramii hap1  TTG TTC CTA CAC CAG AGG GGG AGA AAT AAT CCT TTA GGC ATT AAT AGT GAT TTA GAT AAA ATT CCT TTT CAC CAA TAT TAT AGG TAT 350
O. Batramii hap2  ...                                                                                                                 350
O. Batramii hap3  ...                                                                                                                 350
O. Batramii hap4  ...                                                                                                                 350
O. Batramii hap5  ...                                                                                                                 350
D. gigas hap1     ...                .T                     .T        G.G        .G        .T T.G    .A 350
D. gigas hap2     ...                                       G.G        .G        .T T.G    .A 350
D. gigas hap3     ...                .T                     .T        G.G        .G        .T T.G    .A 350
I. argentinus hap1 .A    .TT T..    .T .A    .T    .T    .T    .G    .T 350
I. argentinus hap2 .A    .TT T..    .T .A    .T    .T    .T    .G    .T 350
I. argentinus hap3 .A    .TT T..    .T .A    .T    .T    .T    .G    .T 350

O. Batramii hap1  AAA GAT TTA TTT GGT TTC TTT ATT ATA TTG CTG TTG TTG ATT GAA ATT AGT ATA CTA TTT CCT AAT GCG CTG GGA GAT TC 430
O. Batramii hap2  ...                                                                                                                 430
O. Batramii hap3  ...                                                                                                                 430
O. Batramii hap4  ...                                                                                                                 430
O. Batramii hap5  ...                                                                                                                 430
D. gigas hap1     ...            .C G..    .A .A .A .A        T.G        .T T.A .G 430
D. gigas hap2     ...                      .A .A .A .A        T.G        .T T.A .G 430
D. gigas hap3     ...            .C G..    .A .A .A .A        T.G        .T T.A .G 430
I. argentinus hap1 ...    .A .T                  T.G T.G        .TT T.. .T 430
I. argentinus hap2 ...    .A .T                  T.G T.G        .TT T.. .T 430
I. argentinus hap3 ...    .A .T                  T.G T.G        .TT T.. .T 430
```

图 6-1　3 种柔鱼类 Cytb 基因片段序列的核苷酸比对

AY557595.1），利用 3 种方法重建的 16S rRNA 与 28S rDNA 基因片段系统树拓扑结构一致（图 6-2）。从图中可以看出，柔鱼与茎柔鱼聚为一类，而阿根廷滑柔鱼另聚为一类。结果表明，柔鱼与茎柔鱼的亲缘关系较近。

（2）种间分化时间。

基于 Kimura 双参数法计算种间净遗传距离，柔鱼与阿根廷滑柔鱼间的净遗传距离为 0.198 9，柔鱼与茎柔鱼间的净遗传距离为 0.169 8，将 2.15% ~ 2.6%/百万年的核苷酸分歧速率应用于 Cytb 基因片段上，得到柔鱼与阿根廷滑柔鱼的分歧时间为 765 ~ 925 万年，柔鱼与茎柔鱼的分歧时间为 653 ~ 790 万年，种间分化事件发生在中新世-上新世间。

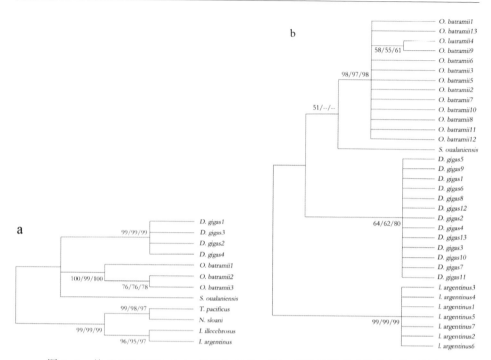

图 6-2　基于 16S rRNA（a）与 28S rDNA（b）基因片段序列的柔鱼类系统树

注：Bootstrap 检验值依次为 ML／MP／NJ

3. 讨论

mtDNA 由于具有结构简单、母系遗传、进化速率快、几乎不发生重组等特点而成为研究头足类物种鉴定、种间亲缘关系及分子系统进化的重要分子标记（刘云国，2009）。而 28S rDNA 是真核生物编码核糖体大亚基的基因，进化速率相对较慢，常与线粒体基因及核基因联合分析科级、亚科级阶元分子系统进化（潘颖瑛等，2009）。本研究利用这 2 种分子标记对 3 种柔鱼类种间遗传差异进行比较分析，3 种柔鱼类在 mtDNA 2 个基因片段上碱基 A+T 含量均高于 G+C 含量，符合 4 种核苷酸在动物线粒体基因组中分布不均一性的特点。而在 28S rDNA 基因片段上的 A+T 含量明显低于 G+C 含量，这在其他动物 28S rDNA 基因片段上也得以体现，这种碱基组成的偏倚现象是否造成 28S rDNA 基因进化慢仍需进一步研究（张小静等，2012）。3 种柔鱼类在 28S rDNA 基因片段上检测到的多态位点数最少，对应的核苷酸替代率最低，为 6.68%，这印证了 28S rDNA 基因进化速率较慢。而蛋白质编码基因 Cytb 核苷酸替代率最高，为 20.93%，核苷酸替代均发生在密码子第三位点上，而且未引起氨基酸替代。Meyer（1993）认为蛋白质编码基因在第三密码子位点上受到的自然选择压力较小，突变率高，而且这种突变很少导致氨基酸替代。

　　碱基的插入/缺失是非蛋白质编码基因进化过程中的普遍现象（Arnedo et al.，2004），本章节中 2 个非蛋白质编码基因特别是 28S rDNA 基因存在大量的碱基插入/缺失。碱基的插入对 DNA 序列数据的系统进化分析有 2 个挑战，即位置的同源性（如序列比对）与插入的处理方式（Giribet 和 Wheeler，1999）。因此，碱基插入/缺失现象可能对系统进化研究结果有影响。本章节利用 3 种方法重建 2 个基因片段的系统树，均支持 3 种柔鱼类的形态学分类特征，这与其他学者得出的结论一致（Wakabashi et al.，2012）。柔鱼、茎柔鱼与鸢乌贼属于柔鱼亚科，阿根廷滑柔鱼属于滑柔鱼亚科，因此，前者种间的亲缘关系较后者近。由图 6-2 可以看出，褶柔鱼亚科种类（太平洋褶柔鱼，双柔鱼）与滑柔鱼亚科种类先聚为一类，而后再与柔鱼亚科种类聚为一类，这与 Nigmatullin（2005）认为柔鱼类的进化经历大陆坡/大陆架种类（滑柔鱼亚科）—大洋性浅海类（褶柔鱼亚科）—大洋性种类（柔鱼亚科）3 个阶段相一致。由于 GenBank 上登录的柔鱼类 28S rDNA 基因序列较少，在以后的分子系统进化研究中应当对更多的柔鱼类 28S rDNA 基因进行扩增、测序与分析。

　　DNA 分子结构上的变化可以用来估计进化过程中涉及时期的方法，并因此为种系发生设置一个时间尺度（Cox 和 Moore，2005）。不同基因由于承受的选择压力不同，从而导致进化速率差异较大。目前，$Cytb$ 基因的核苷酸分歧速率常被用来估算种群扩张时间及种间分化年代。头足类是软体动物门中最古老且高等的种类，在长期的进化过程中分化为 700 多个种类，因此，在估计头足类种间分化年代时应结合多个节点化石的证据。国外学者基于化石记录、贝叶斯分子差异估计及胚胎学上的证据认为头足类大概起源于 5.3 亿年前，在 4.16 亿年前分化为鹦鹉螺亚纲和蛸亚纲，而蛸亚纲在 2.76 亿年前分化为八腕总目和十腕总目（Kröger et al.，2011）。

参考文献

1. 常抗美，李焕，吕振明，等. 2010. 中国沿海 7 个长蛸（*Octopus variabilis*）群体 *CO* I 基因的遗传变异研究. 海洋与湖沼，41（3）：307-314.

2. 陈长胜. 2003. 海洋生态系统动力学与模型. 北京：高等教育出版社.

3. 陈锋，陈新军，钱卫国，等. 2010. 水温变动对 2009 年西北太平洋柔鱼产量下降的影响. 广东海洋大学学报，30（1）：65-71.

4. 陈军，李琪，孔令锋. 2013. 分子系统学研究进展. 生命科学，25（5）：518-523.

5. 陈新军，曹杰，田思泉，等. 2009. 鱿鱼类资源评估与管理研究现状. 上海海洋大学学报，18（4）：495-501.

6. 陈新军，李建华，刘必林，等. 2012. 东太平洋不同海区茎柔鱼渔业生物学的初步研究. 上海海洋大学学报，21（2）：280-287.

7. 陈新军，李建华，易倩，等. 2012. 东太平洋赤道附近海域茎柔鱼（*Dosidicus gigas*）渔业生物学的初步研究. 海洋与湖沼，43（6）：1233-1238.

8. 陈新军，刘必林，王尧耕. 2009. 世界头足类. 北京：海洋出版社.

9. 陈新军，陆化杰，刘必林，等. 2012. 大洋性柔鱼类资源开发现状及可持续利用的科学问题. 上海海洋大学学报，21（5）：831-840.

10. 陈新军，田思泉，陈勇. 2011. 北太平洋柔鱼渔业生物学. 北京：科学出版社.

11. 陈新军，田思泉，叶旭昌. 2002. 西北太平洋柔鱼种群的聚类分析. 上海海洋大学学报，11（4）：335-341.

12. 程娇. 2013. 西北太平洋两种鲐属鱼类的分子系统地理学研究. 青岛：中国海洋大学博士学位论文.

13. 董路，张雁云. 2011. 鸟类分子系统地理学研究进展. 生态学报，31（14）：4082-4093.

14. 方舟，陆化杰，陈新军，等. 2012. 西南大西洋阿根廷滑柔鱼生物学年间比较. 生态学报，32（2）：0371-0379.

15. 傅建军，李家乐，沈玉帮，等. 2013. 草鱼野生群体遗传变异的微卫星分析. 遗传，35（2）：192-201.

16. 高天翔，任桂静，刘进贤，等. 2009. 海洋鱼类分子系统地理学研究进展. 中国海洋大学学报，3（5）：897-902.

17. 韩忠民. 2011. 知经纬度计算两点精确距离. 科技传播，11：196，174-174.

18. 贾涛. 2011. 东南太平洋茎柔鱼种群结构及其空间异质性分析. 上海：上海海洋大学硕士学位论文.

19. 李纲，贾涛，刘必林，等. 2011. 哥斯达黎加外海茎柔鱼生物学特性初步研究. 上海海洋大学学报，20（2）：270-272.

20. 李建华，陈新军，刘必林. 2011. 夏秋季西北太平洋柔鱼渔业生物学的初步研究. 上海海洋大学学报，20（6）：890-894.

21. 李清荟，陈晓姣，黎中宝，等. 2013. 细角螺微卫星 DNA 富集文库构建及特征分析. 海洋科学，37（4）：1-5.

22. 李玉龙. 2009. 中国明对虾和日本囊对虾遗传多样性及对虾科系统学初步研究. 青岛：中国海洋大学博士学位论文.

23. 刘必林. 2012. 东太平洋茎柔鱼生活史过程的研究. 上海：上海海洋大学博士学位论文.

24. 刘必林，陈新军，钱卫国. 2009. 智利外海茎柔鱼生物学特性的初步研究. 广东海洋大学学报，29（1）：1-5.

25. 刘红艳，熊飞，杨东. 2011. 基于细胞色素 b 基因的鰊浪白鱼野生群体和养殖群体遗传多样性分析. 华中农业大学学报，30（1）：94-98.

26. 刘连为，陈新军，许强华，等. 2013. 阿根廷滑柔鱼 2 个产卵群体遗传变异的微卫星分析. 海洋渔业，35（2）：125-130.

27. 刘连为，许强华，陈新军. 2012. 基于线粒体 CO I 和 Cytb 基因序列的北太平洋柔鱼种群遗传结构研究. 水产学报，36（11）：1675-1684.

28. 刘名. 2010. 太平洋鳕和大头鳕的群体遗传学研究. 青岛：中国海洋大学博士学位论文.

29. 刘云国. 2009. 水产生物 DNA 分子标记技术. 北京：科学出版社.

30. 陆化杰. 2012. 西南大西洋阿根廷滑柔鱼渔业生物学及资源评估. 上海：上海海洋大学博士学位论文.

31. 陆化杰，陈新军，方舟. 2012. 西南大西洋阿根廷滑柔鱼 2 个不同产卵群间角质颚外形生长特性比较. 中国海洋大学学报，42（10）：33-39.

32. 路心平，马凌波，乔振国. 2009. 利用线粒体 DNA 标记分析中国东南沿海拟穴青蟹种群遗传构. 水产学报，33（1）：15-23.

33. 吕振明，李焕，吴常文，等. 2010. 中国沿海六个地理群体短蛸的遗传变异研究. 海洋学报，32（1）：130-138.

34. 潘颖瑛，董胜张，俞晓平. 2009. 福寿螺 18S rRNA 和 28S rRNA 基因片段的克隆与进化分析. 植物保护，3（1）：33-36.

35. 彭艳辉，骆剑，尹绍武，等. 2012. 波纹唇鱼微卫星分子标记的筛选及适用性分析. 海洋科学，36（5）：109-116.

36. 全迎春，孙效文，刘伟，等. 2006. 磁珠富集法制备大口鲶的微卫星分子标记. 水产学报，30（2）：185-191.

37. 宋娜. 2011. 西北太平洋两种海洋鱼类的分子系统地理学研究及分子标记在褐牙鲆增殖

放流中的应用. 青岛：中国海洋大学学报.

38. 孙鹏, 尹飞, 彭士明, 等. 2011. 条石鲷线粒体 CO I 和 Cytb 序列的遗传变异分析. 水产学报, 35（3）：327-333.

39. 孙效文, 鲁翠云, 梁利群. 2005. 磁珠富集法分离草鱼微卫星分子标记. 水产学报, 29（4）：482-486.

40. 王鹤, 林琳, 柳淑芳, 等. 2011. 中国近海习见头足类 DNA 条形码及其分子系统进化. 中国水产科学, 18（2）：245-255.

41. 王尧耕, 陈新军. 2005. 世界大洋性经济柔鱼类资源及其渔业. 北京：海洋出版社.

42. 温晓曦, 孙效文. 2010. 乌鳢微卫星 DNA 分子标记的分离及筛选. 大连海洋大学学报, 25（3）：260-264.

43. 文亚峰, Uchiyama K, 韩文军, 等. 2013. 微卫星标记中的无效等位基因. 生物多样性, 21（1）：117-126.

44. 徐冰, 陈新军, 田思泉, 等. 2012. 厄尔尼诺和拉尼娜事件对秘鲁外海茎柔鱼渔场分布的影响. 水产学报, 36（5）：696-707.

45. 闫杰, 许强华, 陈新军. 2013. 西南大西洋阿根廷滑柔鱼遗传多样性的微卫星分析. 海洋渔业, 35（1）：8-14.

46. 闫杰, 许强华, 陈新军, 等. 2011. 东太平洋公海茎柔鱼种群遗传结构初步研究. 水产学报, 35（11）：1617-1623.

47. 叶旭昌, 陈新军. 2007. 秘鲁外海茎柔鱼胴长组成及性成熟初步研究. 上海水产大学学报, 16（4）：347-350.

48. 张小静, 郑哲民, 赵玲, 等. 2012. 基于 28S rDNA 的蝗总科部分种类的分子系统发育研究. 陕西师范大学学报：自然科学版, 40（2）：67-75.

49. 曾聪, 高泽霞, 罗伟, 等. 2013. 基于 454GSFLX 高通量测序的团头鲂 ESTs 中微卫星特征分析. 水生生物学报, 37（5）：982-988.

50. 郑小东. 2001. 中国沿海乌贼类遗传变异和系统发生学研究. 青岛：青岛海洋大学博士学位论文.

51. 赵峰, 庄平, 章龙珍. 2011. 基于线粒体 Cytb 基因的黄海南部和东海银鲳群体遗传结构分析. 水生生物学报, 35（5）：742-752

52. 赵娜娜, 孟学平, 申欣, 等. 2013. 头足纲线粒体基因组结构分析. 水产科学, 32（3）：146-152.

53. 赵莹莹, 朱晓琛, 孙效文, 等. 2006. 磁珠富集法筛选虾夷扇贝微卫星序列. 中国水产科学, 13（5）：749-755.

54. 左仔荣. 2012. 3 种重要经济头足类微卫星标记的分离及特性研究. 青岛：中国海洋大学硕士学位论文.

55. Adam G P, David J A, Graham G P. 2006. Trends and assessment of cephalopod fisheries. Fisheries Research, 78（1）：1-3.

56. Adcock G J, Carvalho G R, Rodhouse P G, et al. 1999. Highly polymorphic microsatellite loci of the heavily fished squid genus *Illex* (Ommastrephidea). Molecular Ecology, 8 (1): 157 −168.

57. Adcock G J, Shaw P W, Rodhouse P G, et al. 1999. Microsatellite analysis of genetic diversity in the squid *Illex argentinus* during a period of intensive fishing. Marine Ecology Progress Series, 187: 171−178.

58. Allock A L, Piertney S B. 2002. Evolutionary relationships of Southern Ocean Octopodidae (Cephalopoda: Octopoda) and a new diagnose of *Pareledone*. Marine Biology, 140 (1): 129 −135.

59. Anderson C I H, Rodhouse P G. 2001. Life cycles, oceanography and variability: Ommastrephid squid in variable oceanographic environments. Fisheries Research, 54 (1): 133−143.

60. Anderson F E, Ngelke R, Jarrett K, et al. 2011. Phylogeny of the *Sepia pharaonis* species complex (cephalopoda: sepiida) based on analyses of mitochondrial and nuclear dna sequence data. Journal of Molluscan Studies, 77 (1): 65−75.

61. Anderson F E, Valinassab T, Ho C W, et al. 2007. Phylogeography of the pharaoh cuttle *Sepia pharaonis* based on partial mitochondrial 16S sequence data. Reviews in Fish Biology and Fisheries, 17 (2−3): 345−352.

62. Aoki M, Imai H, Naruse T, et al. 2008. Low genetic diversity of oval squid, *Sepioteuthis* cf. *lessoniana* (Cephalopoda: Loliginidae), in Japanese waters inferred from a mitochondrial DNA non−coding region. Pacific Science, 62 (3): 403−411.

63. Argüelles J, Rodhouse P G, Villegas P, et al. 2001. Age, growth and population structure of jumbo flying squid *Dosidicus gigas* in Peruvian waters. Fisheries Research, 54 (1): 51−61.

64. Argüelles J, Tafur R, Taipe A, et al. 2008. Size increment of jumbo flying squid *Dosidicus gigas* mature females in Peruvian waters, 1989−2004. Progress in Oceanography, 79 (2−4): 308−312.

65. Arkhipkin A. 1993. Age, growth, stock structure and migratory rate of pre−spawning short−finned squid *Illex argentinus* based on statolith ageing investigations. Fisheries Research, 16 (4): 313−338.

66. Arkhipkin A I. 2013. Squid as nutrient vectors linking Southwest Atlantic marine ecosystems. Deep Sea Research Part II: Topical Studies in Oceanography, 95 (15): 7−20.

67. Arnedo M A, Coddington J, Agnarsson I, et al. 2004. From a comb to a tree: phylogenetic relationships of the comb−footed spiders (Araneae, Theridiidae) inferred from nuclear and mitochondrial genes. Molecular Phylogenetics and Evolution, 31 (1): 225−245.

68. Avise J C. 1998. The history and preview of phylogeography: a personal reflection. Molecular Ecology, 7 (4): 371−379.

69. Avise J C, Arnold J, Martin Ball R, et al. 1987. Intraspecific phylogeography: the mitochon-

drial DNA bridge between population genetics and systematics. Annual Review of Ecology and Systematics, 18 (1): 489-522.

70. Avise J C, Lansman R A, Shade R O. 1979. The use of restriction endonucleases to measure mitochondrial DNA sequence relatedness in natural populations. I. Population structure and evolution in the genus *Peromyscus*. Genetics, 92 (1): 279-295.

71. Bahri-Sfar L, Lemaire C, Hassine O K B, et al. 2000. Fragmentation of sea bass populations in the western and eastern Mediterranean as revealed by microsatellite polymorphism. Proceedings of the Royal Society of London. Series B. Biological Sciences, 267 (1446): 929-935.

72. Barthelmess E L, Love C N, Jones K L, et al. 2013. Development of polymorphic microsatellite markers for the North American porcupine, *Erethizon dorsatum*, using paired-end Illumina sequencing. Conservation Genetics Resources, 5 (4): 925-927.

73. Basson M, Beddington J R, Crombie J A, et al. 1996. Assessment and management techniques for migratory annual squid stocks: the *Illex argentinus* fishery in the Southwest Atlantic as an example. Fisheries Research, 28 (1): 3-27.

74. Bowen B W, Grant W S. 1997. Phylogeography of the sardines (*Sardinops* spp.): assessing biogeographic models and population histories intemperate upwelling zones. Evolution, 51 (5): 1601-1610.

75. Bower J R, Ichii T. 2005. The red flying squid (*Ommastrephes bartramii*): A review of recent research and the fishery in Japan. Fisheries Research, 76 (1): 39-55.

76. Boyle P, Rodhouse P. 2005. Cephalopods: Ecology and Fisheries. London: Blackwell Science.

77. Brunetti N E, Elean G R. 1998. Summer distribution, abundance and population structure of *Illex argentinus* on the Argentina shelf in relation to environmental features. Marine Science, 20 (1): 175-186.

78. Brutto S L, Arculeo M, Grant W S. 2011. Climate change and population genetic structure of marine species. Chemistry and Ecology, 27 (2): 107-119.

79. Cabranes C, Fernandez-Rueda P, Martínez J L. 2008. Genetic structure of *Octopus vulgaris* around the Iberian Peninsula and Canary Islands as indicated by microsatellite DNA variation. Marine Science, 65 (1): 12-16.

80. Caddy J E, Rodhouse P G. 1998. Cephalopod and groundfish landings: evidence for ecological change in global fisheries? Reviews in Fish Biology and Fisheries, 8: 431-444.

81. Carvalho G R, Nigmatullin C M. 1998. Stock structure analysis and species identification. In Rodhouse P G, Dawe E G, O'doR R K. Squid recruitment dynamics. The genus *Illex* as a model, the commercial *Illex* species. Influences on variability. Rome: FAO Fisheries Technical, 199-222.

82. Carvalho G R, Thompson A, Stoner A L. 1992. Genetic diversity and population differentiation of the shortfin squid *Illex argentinus* in the south-west Atlantic. Experimental Marine Biology

and Ecology, 158 (1): 105-121.

83. Chen C S, Chiu T S. 2003. Variations of life history parameters in two geographical groups of the neon flying squid, *Ommastrephes bartramii*, from the North Pacific. Fisheries Research, 63 (3): 349-366.

84. Chen X J, Chen Y, Tian S Q, et al. 2008. An assessment of the west winter-spring cohort of neon flying squid (*Ommastrephes bartramii*) in the Northwest Pacific Ocean. Fisheries Research, 92 (2-3): 221-230.

85. Chen X J, Lu H J, Liu B L, et al. 2012. Species identification of *Ommastrephes bartramii*, *Dosidicus gigas*, *Sthenoteuthis oualaniensis* and *Illex argentinus* (Ommastrephidae) using beak morphological variables. Science Marine, 76 (3): 473-481.

86. Chistiakov D A, Hellemans B, Volckaert F A M. 2006. Microsatellites and their genomic distribution, evolution, function and applications: A review with special reference to fish genetics. Aquaculture, 255 (1-4): 1-29.

87. Clarke M R. 1996. The role of Cephalopods in the world's oceans: An introduction. Lond: Phil. Tans. R. Soc.

88. Crespi-Abril A, Dellatorre F, Barón P. 2010. On the presence of *Illex argentinus* (Castellanos, 1960) (Cephalopoda: Ommastrephidae), paralarvae and juveniles in near-shore waters of Nuevo Gulf, Argentina. Latin American Journal of Aquatic Research, 38 (2): 297-301.

89. Crespi-Abril A C, Barón P J. 2012. Revision of the population structuring of *Illex argentinus* (Castellanos, 1960) and a new interpretation based on modelling the spatio-temporal environmental suitability for spawning and nursery. Fisheries Oceanography, 21 (2-3): 199-214.

90. Coll M, Navarro J, Olson R J, et al. 2013. Assessing the trophic position and ecological role of squids in marine ecosystems by means of food-web models. Deep-Sea Research Part II: Topical Studies in Oceanography, 95: 21-36.

91. Cox C B, Moore P D. 2005. Biogeography: an ecological and evolutionary approach. 7th ed. Oxford: Blackwell Publishing.

92. Dillane E, Galvin P, Coughlan J, et al. 2005. Genetic variation in the lesser flying squid *Todaropsis eblanae* (Cephalopoda, Ommastrephidae) in east Atlantic and Mediterranean waters. Marine Ecology Progress Series, 292: 225-232.

93. Doubleday Z A, Semmens J M, Smolenski A J, et al. 2009. Microsatellite DNA markers and morphometrics reveal a complex population structure in a merobenthic octopus species (*Octopus maorum*) in south-east Australia and New Zealand. Marine Biology, 156 (6): 1183-1192.

94. Emiliani C. 1966. Isotopic paleotemperatures. Science (New York, N. Y.), 154 (3751): 851-857.

95. Espiñeira M, Vieites J M, Santaclara F J. 2010. Species authentication of octopus, cuttlefish,

bobtail and bottle squids (families Octopodidae, Sepiidae and Sepiolidae) by FINS methodology in seafoods. Food Chemistry, 121 (2): 527-532.

96. Excoffier L, Laval G, Schneider S. 2005. Arlequin (ver. 3.01): An integrated software package for population genetics data analysis. Evolutionary Bioinformatics, 1: 47-50.

97. FAO. 2014. http://www.fao.org/fishery/statistics/global-capture-production/query/en.

98. Fu Y X. 1997. Statistical tests of neutrality of mutations against population growth, hitchhiking and background selection. Genetics, 147 (2): 915-925.

99. Giribet G, Wheeler W C. 1999. On gaps. Molecular Phylogenetics and Evolution, 13 (1): 132-143.

100. Grant W S, Bowen B W. 1998. Shallow population histories in deep evolutionary lineages of marine fishes: insights from sardines and anchovies and lessons for conservation. Hered, 89 (5): 415-426.

101. Guo P, Liu Q, Li C, et al. 2011. Molecular phylogeography of Jerdon's pitviper (*Protobothrops jerdonii*): importance of the uplift of the Tibetan plateau. Journal of Biogeography, 38 (12): 2326-2336.

102. Haug G H, Tiedemann R. 1998. Effect of the formation of the Isthmus of Panama on Atlantic Ocean thermohaline circulation. Nature, 393: 673-676.

103. Hewitt G. 2000. The genetic legacy of the Quaternary ice ages. Nature, 405 (6789): 907-913.

104. Hu J Y, Kawamura H, Hong H S, et al. 2000. A review on the currents in the South China Sea: Seasonal circulation, South China Sea Warm Current and Kuroshio intrusion. Oceanography, 56 (6): 607-624.

105. Ichii T, Mahapatra K, Okamura H. Stock assessment of the autumn cohort of neon flying squid (*Ommastrephes bartramii*) in the North Pacific based on past large-scale high seas driftnet fishery data. Fisheries Research, 2006, 78 (2-3): 286-297.

106. Ichii T, Mahapatra K, Sakai M, et al. 2009. Life history of the neon flying squid: effect of the oceanographic regime in the North Pacific Ocean. Marine Ecology Progress Series, 378: 1-11.

107. Imbrie J, Boyle E A, Clemens S C, et al. 1992. On the structure and origin of major glaciation cycles 1. Linear responses to Milankovitch forcing. Paleoceanography, 7 (6): 701-738.

108. Ito K, Yanagimoto T, Iwata Y, et al. 2006. Genetic population structure of the spear squid *Loligo bleekeri* based on mitochondrial DNA. Nippon Suisan Gakkaishi, 72 (5): 905-910.

109. Iwata Y, Lian C L, Sakuri Y. 2008. Development of microsatellite markers in the Japanese common squid *Todarodes pacificus* (Ommastrephidae). Molecular Ecology Resources, 8 (2): 466-468.

110. Kalinowski T, Taper M L, Marshall T C. 2007. Revising how the computer program cervus ac-

commodates genotyping error increases success in paternity assignment. Molecular Ecology, 16 (5): 1099-1106.

111. Kassahn K S, Donnellan S C, Fowler A J, et al. 2003. Molecular and morphological analyses of the cuttlefish *Sepia apama* indicate a complex population structure. Marine Biology, 143 (5): 947-962.

112. Katugin O N. 2002. Patterns of genetic variability and population structure in the North Pacific squids *Ommastrephes bartramii*, *Todarodes pacificus*, and *Berryteuthis magister*. Bulletin of Marine Science, 71 (1): 383-420.

113. Key L F, Argüelles J, Wolff M, et al. 2008. A hypothesis on range expansion and spatio-temporal shifts in size-at-maturity of jumbo squid (*Dosidicus gigas*) in the Eastern Pacific Ocean. California Cooperative Oceanic Fisheries, 49: 119-128.

114. Kimura M. 1968. Evolutionary rate at the molecular level. Nature, 217 (5129): 624-626.

115. Kröger B, Vinther J, Fuchs D. 2011. Cephalopod origin and evolution: A congruent picture emerging from fossils, development and molecules: Extant cephalopods are younger than previously realized and were under major selection to become agile, shell-less predators. Bioessays, 33 (8): 602-613.

116. Kurosaka K, Yanagimoto T, Wakabatashi T, et al. 2012. Population genetic structure of the neon flying squid *Ommastrephes bartramii* inferred from mitochondrial DNA sequence analysis. Nippon Suisan Gakkaishi, 78 (2): 212-219. (in japnese)

117. Lindgren A R, Katugin O N, Amezquita E, et al. 2005. Evolutionary relationships among squids of the family Gonatidae (Mollusca: Cephalopoda) inferred from three mitochondrial loci. Molecular Phylogenetics and Evolution, 36 (1): 10-111.

118. Liu B L, Chen X J, Yi Q. 2013. A comparison of fishery biology of jumbo flying squid, *Dosidicus gigas* outside three Exclusive Economic Zones in the Eastern Pacific Ocean. Chinese Journal of Oceanology and Limnology, 31 (3): 523-533.

119. Loria S F, Zigler K S, Lewis J J. 2011. Molecular phylogeography of the troglobiotic millipede *Tetracion* Hoffman, 1956 (Diplopoda, Callipodida, Abacionidae). International Journal of Myriapodology, 5: 35-48.

120. Markaida U. 2006. Population structure and reproductive biology of jumbo squid *Dosidicus gigas* from the Gulf of California after the 1997-1998 El Niño event. Fisheries Research, 79 (1-2): 28-37.

121. Martínez P, Belcari P, Sanjuan A, et al. 2005. Allozyme analysis of geographical and seasonal variation of *Illex coindetii* (Cephalopoda: Ommastrephidae) from central Mediterranean and Iberian Atlantic. Marine Biology, 85 (1): 177-184.

122. Martínez P, Pérez-Losada M, Guerra A, et al. 2005. First genetic validation and diagnosis of the short-finned squid species of the genus *Illex* (Cephalopoda: Ommastrephidae). Marine

Biology, 148 (1): 97-108.

123. Masuda R, Kurose N, Watanabe S, et al. 2012. Molecular phylogeography of the Japanese weasel, *Mustela itatsi* (Carnivora: Mustelidae), endemic to the Japanese islands, revealed by mitochondrial DNA analysis. Biological Journal of the Linnean Society, 107 (2): 307-321.

124. Masuda S, Yokawa K, Yatsu A, et al. 1998. Growth and population structure of *Dosidicus gigas* in the Southeastern Pacific Ocean. In Okutani. Large Pelagic Squids. Japan Marine Fishery Resources Research Center, Tokyo, 107-118.

125. Meyer A. 1993. Evolution of mitochondrial DNA in fishes. Biochemistry and Molecular Biology of Fishes, 2: 1-36.

126. Murakami K, Watanabe Y, Nakata J. 1981. Growth, distribution and migration of flying squid (*Ommastrephes bartramii*) in the North Pacific. In Mishima S. Pelagic animals and environments around the Subarctic Boundary in North Pacific. Hokkaido: Research Institute of North Pacific Fisheries, Hokkaido University, Special Publication, 161-179.

127. Murata M. 1990. Oceanic resources of squids. Marine and Freshwater Behaviour and Physiology, 18 (1): 19-71. Rodríguez J M, Hernández-León S, Barton E D. 1999. Mesoscale distribution of fish larvae in relation to an upwelling filament off northwest Africa. Deep-Sea Research Part I: Oceanographic Research Papers, 46 (11): 1969-1984.

128. Murata M, Ishii M, Kubota S. 1985. Some considerations on population structure of neon flying squid. *Ommastrephes bartramii*, in the North Pacific. In Report 1983 Annual meeting on resources and fisheries on squids. HachinoheBranch: Tohoku Regional Fisheries Research Laboratory, 36-49.

129. Murphy J M, Balguerias E, Key L N, et al. 2002. Microsatellite DNA markers discriminate between two *Octopus vulgaris* (Cephalopoda: octopoda) fisheries along the northwest African coast. Bulletin of Marine Science, 71 (1): 545-553.

130. Nakamura K, Denda T, Kokubugata G, et al. 2012. Molecular phylogeography reveals anantitropical distribution and local diversification of *Solenogyne* (Asteraceae) in the Ryukyu Archipelago of Japan and Australia. Biological Journal of the Linnean Society, 105 (1): 197-217.

131. Nei M. 1978. Estimation of average heterozygosity and genetic distance from a small number of individuals. Genetics, 89 (3): 583-590.

132. Nigmatullin C N. 1989. Las especies de calamar mas abundantes del Atlantico Sudoeste y synopsis sobre la ecologia del calamar (*Illex argentinus*). Frente Maritimo, 5: 71-81.

133. Nigmatullin C M. 2005. Taxonomy and evolutionary, population and ecosystem aspects of ommastrephid squid biology: an overview. Abstract of III International Symposium on Pacific Squids and II International O' dor R K. 1998. Can understanding squid life-history strategies and recruitment improve management. South African Journal of Marine Science, 20 (1): 193 -206.

134. O'dor R K, Dawe E G. 1998. *Illex illecebrosus*. In Rodhouse P G, Dawe E G, O'Dor R K. Squid recruitment dynamics. FAO Fisheries Technical Paper, 376, Rome, 77−104.

135. O'dor R K, Lipinski M R. 1998. The Genus *Illex* (Cephalopoda: Ommastrephidae): Characteristics, distribution and fisheries. In Rodhouse P G, Dawe E G, O'dor R K. Squid recruitment dynamics. The genus *Illex* as a model, the commercial *Illex* species. Influences on variability. Rome: FAO Fisheries Technical, 1−8.

136. Oosthuizen A, Jiwaji M, Shaw P. 2004. Genetic analysis of the *Octopus vulgaris* population on the coast of South Africa. Science, 100 (11−12): 603−607.

137. Pauly D V, Christensen J, Dalsgaard R, et al. 1998. Fishing down marine food webs. Science, 279: 860−863.

138. Pritchard J K, Stephens M, Donnelly P. 2000. Inference of population structure using multilocus genotype data. Genetics, 155 (2): 945−959.

139. Qiu Y X, Sun Y, Zhang X P, et al. 2009. Molecular phylogeography of East Asian *Kirengeshoma* (Hydrangeaceae) in relation to Quaternary climate change and landbridge configurations. New Phytologist, 183 (2): 480−495.

140. Reichow D, Smith M J. 2001. Microsatellites reveal high levels of gene flow among populations of the California squid *Loligo opalescens*. Molecular Ecology, 10 (5): 1101−1109.

141. Riggs S R, SnydeR S W, Hine A C, et al. 1996. Hard bottom morphology and relationship to the geologic framework: mid−Atlantic continental shelf. Journal of Sediment Research, 66 (4): 830−846.

142. Rozas J, Sanche−delBarrio J C, Messenguer X, et al. 2003. DNA polymorphism analyses by the coalescent and other methods. Bioinformatics, 19 (18): 2496−2497.

143. Saitoun N, Nei M. 1987. The neighbor−joining method: A newmethod for reconstructing phylogenetic trees. Molecular Biology and Evolution, 4 (4): 406−425.

144. Sandoval−Castellanos E, Uribe−Alcocer M, Díaz−Jaimes P. 2007. Population genetic structure of jumbo squid (*Dosidicus gigas*) evaluated by RAPD analysis. Fisheries Research, 83 (1): 113−118.

145. Sandoval−Castellanos E, Uribe−Alcocer M, Díaz−Jaimes P. 2010. Population genetic structure of the Humboldt squid (*Dosidicus gigas* d'Orbigny, 1835) inferred by mitochondrial DNA analysis. Experimental Marine Biology and Ecology, 385 (1−2): 73−78.

146. Shaw P W. 2003. Polymorphic microsatellite DNA markers for the assessment of genetic diversity and paternity testing in the giant cuttlefish, *Sepia apama* (Cephalopoda). Conservation Genetics, 4 (4): 533−535.

147. Shukhgalter O A, Nigmatullin Ch M. 2001. Parasitic helminths of jumbo squid *Dosidicus gigas* (Cephalopoda: Ommastrephidae) in open waters of the Central East Pacific. Fishery Research, 54 (1): 95−110.

148. Sin Y W, Yau C, Chu K H. 2009. Morphological and genetic differentiation of two loliginid squids, *Uroteuthis* (*Photololigo*) *chinensis* and *Uroteuthis* (*Photololigo*) *edulis* (Cephalopoda: Loliginidae), in Asia. Experimental Marine Biology and Ecology, 369 (1): 22-30.

149. Söller R, Warnke K, Saint-Paul U, et al. 2000. Sequence divergence of mitochondrial DNA indicates cryptic biodiversity in *Octopus vulgaris* and supports the taxonomic distinctiveness of *Octopus mimus* (Cephalopoda: Octopodidae). Marine Biology, 136 (1): 29-35.

150. Stewart J S, Gilly W F, Field J C, et al. 2013. Onshore-offshore movement of jumbo squid (*Dosidicus gigas*) on the continental shelf. Deep Sea Research Part II: Topical Studies in Oceanography, 95 (15): 193-196.

151. Strugnell J M, Collins M A, Allcock A L. 2008. Molecular evolutionary relationships of the octopodid genus *Thaumeledone* (Cephalopoda: Octopodidae) from the Southern Ocean. Antarctic Science, 20 (3): 245-251.

152. Tajima F. 1989. Statistical method for testing the neutral mutation hypothesis by DNA polymorphism. Genetics, 123 (3): 585-595.

153. Tamura K, Dudley J, Nei M, et al. 2007. MEGA 4: molecular evolutionary genetics analysis (MEGA) software version 4.0. Molecular Biology and Evolution, 24 (8): 1596-1599.

154. Tanaka H. 2001. Tracking the neon flying squid by the biotelemetry system in the central North Pacific Ocean. Aquabiology, 23 (6): 533-539.

155. Taviani M. 2002. The Mediterranean benthos from late Miocene up to present: ten million years of dramatic climatic and geologic vicissitudes. Biologia Marina Mediterranea, 9 (1): 445-463.

156. Thompson J D, Gibson T J, Plewniak F, et al. 1997. The Clustal_ X windows interface: flexible strategies for multiple sequence alignment aided by quality analysis tools. Nucleic Acids Research, 25 (24): 4876-4882.

157. Undheim E A B, Norman J A, Thoen H H, et al. 2010. Genetic identification of Southern Ocean octopod samples using mtCO I. Molecular Biology and Genetics, 333 (5): 395-404.

158. Voight J R. 1988. Trans-Panamanian geminate octopods (Mollusca: Octopoda). Malacologia, 29: 289-294.

159. Wakabayashi T, Suzuki N, Sakai M, et al. 2006. Identification of ommastrephid squid paralarvae collected in northern Hawaiian waters and phylogenetic implications for the family Ommastrephidae using mtDNA analysis. Fisheries Science, 72 (3): 494-502.

160. Wakabayashi T, Suzuki N, Sakai M, et al. 2012. Phylogenetic relationships among the family Ommastrephidae (Mollusca: Cephalopoda) inferred from two mitochondrial DNA gene sequences. Marine Genomics, 7: 11-16.

161. Waluda C M, Griffiths H J, Rodhouse P G. 2008. Remotely sensed spatial dynamics of the *Il-*

lex argentinus fishery, Southwest Atlantic. Fisheries Research, 91 (2-3): 196-202.

162. Warnke K, Plötner J, Santana J I, et al. 2003. Reflections on the phylogenetic position of spirula (Cephalopoda): preliminary evidence from the 18S ribosomal RNA gene. Berliner Paläobiol Abh, 3: 253-260.

163. Watterson G A. 1975. On the number of segregating sites in genetical models without recombination. Theoretical Population Biology, 7 (2): 256-276.

164. Wolfram K, Mark F C, John U, et al. 2006. Microsatellite DNA variation indicates low levels of genetic differentiation among cuttlefish (*Sepia officinalis* L.) populations in the English Channel and the Bay of Biscay. Comparative Biochemistry and Physiology, 1 (3): 375-383.

165. Workshop of Squids, 3-3. Nigmatullin C N, Nesis K N, Arkhipkin A I. 2001. A review of the biology of the jumbo squid *Dosidicus gigas* (Cephalopoda: Ommastrephidae). Fishery Research, 54 (1): 9-19.

166. Yang Z H. 2006. Computational molecular evolution. Oxford: Oxford University Press.

167. Yatsu A. 2000. Age estimation of four oceanic squids, *Ommastrephes bartramii*, *Dosidicus gigas*, *Sthenoteuthis oualaniensis*, and *Illex argentinus* (Cephalopoda, Ommastrephidae) based on statolith microstructure. Japan Agricutural Research Quarterly, 34 (1): 75-80.

168. Yatsu A, Midorikawa S, Shimada T, et al. 1997. Age and growth of the neon flying squid, *Ommastrephes bartramii*, in the North Pacific Ocean. Fisheries Research, 29 (3): 257-270.

169. Yatsu A, Tanaka H, Mori J. 1998. Population structure of the neon flying squid, *Ommastrephes bartramii*, in the North Pacific Ocean. In Okutani T, Large pelagic squids. Japan Marine Fishery Resources Research Center, Tokyo, 31-48.

170. Zou J B, Peng X L, Li L, et al. 2012. Molecular phylogeography and evolutionary history of *Picea likiangensis* in the Qinghai-Tibetan Plateau inferred from mitochondrial and chloroplast DNA sequence variation. Journal of Systematics and Evolution, 50 (4): 341-350.

171. Zuo Z R, Zheng X D, Liu C, et al. 2012. Development and characterization of 17 polymorphic microsatellite loci in *Octopus vulgaris* Cuvier, 1797. Conservation Genetic Resource, 4 (2): 367-369.

中文索引

拉丁名索引